1. 马铃薯沟播
2. 马铃薯播种后覆盖地膜
3. 马铃薯出苗期

4. 马铃薯发棵期
5. 马铃薯开花期
6. 马铃薯收获期

1. 马铃薯人工收获
2. 马铃薯机械化收获（庞淑敏提供）
3. 马铃薯收获后直接装箱
4. 马铃薯地膜覆盖栽培
5. 马铃薯大棚早熟栽培
6. 马铃薯和玉米套种（庞淑敏提供）

1. 马铃薯和枣树套种（庞淑敏提供）

2. 马铃薯二季作生产田（庞淑敏提供）

3. 马铃薯原原种生产田（周建华提供）

4. 马铃薯田间去杂（周建华提供）

5. 马铃薯施肥试验

6. 大型喷灌技术在马铃薯生产上应用（庞淑敏提供）

1. 马铃薯霜害（庞淑敏提供）
2. 缺氧引起的马铃薯黑心（庞淑敏提供）
3. 马铃薯黑胫病危害状（庞淑敏提供）
4. 马铃薯黑痣病危害状（庞淑敏提供）
5. 马铃薯卷叶病毒病危害状

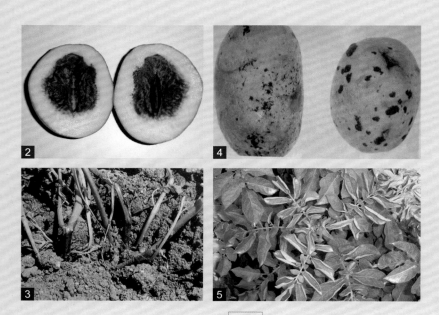

马铃薯
优质高产栽培

MALINGSHU YOUZHI GAOCHAN ZAIPEI

张和义　王广印　李　衍　编著

中国科学技术出版社

·北京·

图书在版编目（CIP）数据

马铃薯优质高产栽培 / 张和义，王广印，李衍编著 . —北京：
中国科学技术出版社，2018.7（2023.11 重印）

ISBN 978-7-5046-8019-8

Ⅰ. ①马… Ⅱ. ①张… ②王… ③李… Ⅲ. ①马铃薯−高产栽培
Ⅳ. ① S532

中国版本图书馆 CIP 数据核字（2018）第 074556 号

策划编辑	张海莲　乌日娜
责任编辑	王绍昱
装帧设计	中文天地
责任校对	焦　宁
责任印制	马宇晨

出　　版	中国科学技术出版社
发　　行	中国科学技术出版社有限公司发行部
地　　址	北京市海淀区中关村南大街16号
邮　　编	100081
发行电话	010-62173865
传　　真	010-62173081
网　　址	http://www.cspbooks.com.cn

开　　本	889mm×1194mm　1/32
字　　数	111千字
印　　张	4.25
彩　　页	4
版　　次	2018年7月第1版
印　　次	2023年11月第2次印刷
印　　刷	北京长宁印刷有限公司
书　　号	ISBN 978-7-5046-8019-8 / S・733
定　　价	20.00元

Contents 目 录

第一章
马铃薯栽培的生物学基础

马铃薯是茄科茄属1年生草本植物。可以用块茎或块茎上产生的芽条繁殖，也可用种子繁殖。种子繁殖不仅结实率低，而且繁殖植株当年不健壮，所以种子繁殖主要用于育种，特别是选育抗病毒新品种时常用。

一、植物学特征

（一）根

由种子长成的植株，形成细长的主根和分枝的侧根；用块茎或芽条繁殖的无主根，只形成强大分枝的须根。马铃薯须根系由两类根组成：一是块茎萌芽时，从幼芽基部靠近种薯处，紧缩在一起的3～4个茎节上发生的根，叫芽眼根或初生根。初生根分枝力很强，是马铃薯的主要根系。二是随着芽的伸长，当地下茎上产生匍匐枝时，在其周围发生4～5条长20厘米左右的根，称匍匐根或后生根。匍匐根较短，分枝力弱，但对磷的吸收能力很强，吸收的磷经3小时便转至块茎各部，经16小时便转至离匍匐茎30～50厘米高的叶片。

马铃薯主要根系分布在土表层30厘米左右，一般不超过70厘米，分布幅度30～60厘米。根系初呈水平倾斜生长，之后部分根系转而向下垂直生长达到 1 米或 1 米以下的土层。

（二）茎

马铃薯的茎按不同部位、不同形态和作用分为地上茎、地下茎、匍匐茎和块茎 4 部分。

1. 地上茎 是由块茎芽眼中抽生并长出地面的枝条，生长初期茎多汁、绿色、间有紫色，直立；生长后期因品种及栽培条件不同而有高矮、直立、开张及分枝多少之区别。一般早熟品种节数少，分枝力弱，茎矮、高 40～70 厘米，大多在 8～9 片叶时才从主茎中上部发生 1～4 条枝；晚熟种分枝多而长，一般在 3～4 片叶子时，从主茎基部产生分枝。所以，早熟种出叶快，而分枝少；中晚熟品种出叶慢，而分枝多。

茎有分枝特性。一般早熟品种上部分枝多，茎细弱，总分枝数少；晚熟种基部分枝多，茎粗壮，总分枝数多。凡丰产类型品种大多茎秆粗壮，茎部分枝多且出现得早。

茎的再生力强，适宜条件下，每节均可生根，腋芽可萌发成新株。故可利用分枝，通过育芽、掰苗、剪枝扦插、压蔓等措施，提高繁殖系数，增加产量。

地上茎草质，多汁，高 0.5～1 米，幼茎上茸毛和腺毛特别多，成长时脱落。茎的横切面除节处为圆形外，节间部分均为三棱形或菱形。在叶柄基部两侧有翅状边缘，向下延伸形成棱脊状的翅，有直翅、波状翅、宽翅与窄翅之别。茎的生翅性是鉴别品种的特征之一。

2. 地下茎 地下茎是种薯发芽生长的枝条埋在土里的部分，其下部为白色，靠近地表处稍有绿色或褐色，老时多变为褐色。地下茎上着生根系、匍匐茎和块茎。地下茎节间非常短，一般只有 6～8 节，在节上着生鳞片状小叶、匍匐根和匍匐茎。地下茎长度因播种深度和生长期培土厚度的不同而异，一般为 10 厘米左右，播种深度和培土厚度增加，地下茎的长度也随着增加。

3. 匍匐茎　匍匐茎由地下茎节上的腋芽长成，实际是茎在土壤里的分枝，一般为白色，在土壤中呈水平方向生长。匍匐茎较地上茎细，节上的叶退化成鳞片状，顶端钩曲，横向生长。每个主茎的地下茎节段产生匍匐茎的层次，依品种的熟性及栽培条件而异，早熟种匍匐茎的层次少、6～7层，而能结薯的仅基部3～4层；中晚熟种匍匐茎的层次较多，6～12层，而能结薯的仅6～8层。栽培条件良好、培土及时、土壤干湿度和营养充足，可使匍匐茎增多。

4. 块茎　块茎是短缩肥大的变态茎，是马铃薯的食用器官。一般是在播种后45天左右，或萌芽后10～15天，当植株开始显蕾、匍匐枝停止极性生长后的10～15天内形成。块茎形成初期可看到细小、不含叶绿素的鳞片状小叶，这些小叶在块茎发育初期逐渐枯萎，而留在块茎上的叶痕逐渐形成芽眉。在鳞片状小叶叶腋处的凹陷叫芽眼。薯皮有光滑、粗糙、网纹等，薯肉有白色、淡黄色、黄色、乳白色、粉色、红色、紫红色、橙色、紫色，也有的为紫色环等。

块茎分上下两头，与匍匐茎相连的一头为基部，叫薯尾或脐部，另一头叫薯顶。每个块茎上有许多芽眼，每个芽眼里有1个主芽和2个以上的副芽，主芽先萌发，副芽一般保持休眠态，只有当主芽受到伤害才萌发。芽眼在块茎上排列顺序和叶在茎上的序列相同，呈2/5、3/8和5/13的螺旋状排列，一般为2个叶序环。薯顶部芽眼较多，发芽势较强，这种现象叫顶端优势。生产上利用整薯切块播种时，采取从薯顶至薯尾的纵切法，可以充分发挥顶端优势作用。如果把马铃薯块茎的芽眼剜除，块茎就能从内部较深处长出不定芽。把已剜去芽眼的块茎播种到5～10℃的湿沙土中，经1.5～2个月即可从愈伤组织中形成不定芽，而后逐渐长出幼苗。

块茎外面的表皮，在块茎膨大到黄豆粒大小时即脱落而由周皮代替。周皮由木栓形成层的细胞向切线方向分裂产生形成，由

10 层左右矩形木栓化细胞组成，有隔水、隔气、隔热、保护薯肉的作用。薯肉依次由皮层、维管束环和髓部的薄壁细胞组成，细胞中含大量淀粉粒和蛋白质颗粒。皮层分内、外两层，外皮层细胞比内皮层小。周皮与外皮层合称为皮。皮层细胞比髓部的细胞小，且密度大，颜色较深。

块茎表面布满皮孔（皮目），是与外界进行气体交换的孔道。土壤过湿，皮孔外面就发生由许多薄壁细胞堆砌而成的白色小疙瘩，这不但影响块茎的商品质量，而且还为土壤中的病菌侵染打开方便之门。

周皮之内输导束环之外为皮层，由较大的薄壁细胞组成，其中含有许多淀粉粒，有色的块茎是由于皮层组织的外层细胞中含有色素。皮层之内为输导束环，与匍匐枝中的输导束相通并连接各个芽眼。输导束环由外韧皮、形成层、木质部和内韧皮构成，占整个块茎的比例很小，在块茎断面上呈黑色线条状。输导束环之内为髓部，在幼嫩块茎中占比例小，皮层占比例大；成熟后则相反。髓部由很大的薄壁细胞构成，含有大量的淀粉和水分，最中央含水分较多、半透明，呈星芒四射者为心髓。

块茎干物质占湿重的 17%～26%，其中无氮浸出物占干物质的 80%～85%，占鲜薯重的 14.22%。无氮浸出物主要包括淀粉 80%～85%、戊糖 3%～4%、其他糖分 1.3%～1.51%、有机酸和盐类 0.5%～1.0%。

块茎中淀粉的分布以输导束环附近最多，由此向内、向外依次减少。一般外髓部含量最多，皮层次之，心髓最少。在块茎基部又较顶部为多。

块茎中含氮物质以蛋白质为最多，其分布与淀粉的分布相反，以外围和中心髓部最多。马铃薯块茎发芽或变绿时，含氮化合物中有一种特殊成分——茄素（又叫龙葵精、茄精、龙葵素），对人、畜均有毒，是一种含氮的配糖物，食用时会麻口，当 100 克块茎中茄素含量达 20 毫克以上时易引起中毒。光照是促进茄素含量增加的重要因素，受光变绿的薯块中茄素含量多，故栽培中加强中耕培土是避免马铃薯食用价值降低的有效措施。另外，茄素能溶于水，将削好的块茎在水中浸泡 2 小时以上，也可预防中毒。茄素是弱碱性糖，遇醋酸易分解成糖类，故用醋调味有解毒作用。

（三）叶

马铃薯最先出土的叶叫初生叶。初生叶单生、全缘，为心脏形或倒心脏形，通常 1 枚，叶背常具紫色，茸毛较密。随着植株生长，逐渐形成奇数羽状分裂叶，起初只有 1 对，之后有 3 对或 3 对以上侧生裂片。侧生裂片之间有小裂片，其数目视叶龄而定。裂片和小裂片着生于小轴上，小轴则着生于叶轴上。顶端的裂片叫顶生裂片，较其余裂片大，叶轴上裂片的序数由顶生裂片算起，顶生裂片下面的 1 对为第一对侧生裂片，再下面的为第二对、第三对……茎中部的叶片缺裂程度最大，而茎顶和基部叶片缺裂程度则较小。叶基有托叶或称耳茸，有不同的形状。叶面光滑或有褶皱，叶背突出，叶脉网状，有的品种叶略翘起或稍向下垂。小叶的形状、对数、间距，裂片叶的密度，叶柄和小叶叶轴的长度，茎轴和叶轴所成的角度以及叶色、叶柄光滑度等，都是鉴别品种的依据（图 1）。

叶片在茎上呈螺旋状排列。绝大部分品种的主茎叶由 2 个叶环，即 16 个复叶组成，加上顶部的第一次和第二次分枝上的复叶，构成马铃薯的主要同化系统。

叶片和茎的表面有茸毛和腺毛。茸毛较长，由 2～7 个细胞单裂组成，长披针形。腺毛较短，由单列细胞组成柄或由几个并列细胞构成头部。头部细胞内含有黄色或淡棕色的具有特殊气味的物质，除有分泌作用外，还能把凝聚在茸毛上的水分吸入体内，有抗旱作用。

马铃薯茎叶含有丰富的碳水化合物、蛋白质和灰分，是牲畜

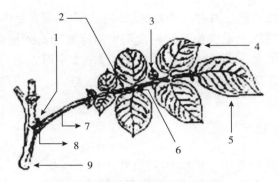

图1　普通马铃薯品种的复叶

1. 腋　2. 叶轴　3. 二次小叶　4. 侧小叶　5. 顶小叶
6. 叶柄　7. 叶轴　8. 托叶　9. 主茎

的优良饲料。但当茎叶枯黄时，其营养物质因转入块茎而只剩下纤维素和灰分，故利用茎叶作饲料时应在茎叶将枯黄时收获。

（四）花

马铃薯花序着生于枝顶，为伞形花序或聚伞形花序。花着生在细长的花柄上，花柄中部有一圈突起，称离层环或花柄节，花果脱落时由此产生离层，花柄节有、无色素是品种的特征之一。

早熟品种第一序花盛开时，恰与地下薯块进入强盛膨大期巧合，是结薯期的重要形态指标。中晚熟品种进入薯块强盛膨大期，则要延至第二序花开放。

花冠合瓣并有星形色轮。有的品种在花冠内部或外部形成附加的花瓣，分别称"内重瓣"或"外重瓣"。花两性，由花萼、花冠、雄蕊、雌蕊组成。花萼5片，萼片基部合生。花冠轮状，有白色、浅红色、紫红色及蓝紫色等。雄蕊5枚，与合生的花瓣互生，着生于雌蕊周围的冠筒上。花丝粗短，花药聚生，长而肥大，花粉借花药顶端之双孔散出。柱头棒状或头状，两裂或多裂，成熟时有油状分泌物，无蜜腺，一般为天然自花授粉，也有土蜂采食花粉而作媒介传粉。子房上部为2心皮组成，也有多于

2 心皮的梨形或枣形，中央胎座，胚珠多。授粉至果实成熟一般需 30～40 天。果实为浆果，呈圆形、椭圆或肾形，果皮浅绿色、淡黄色、紫绿色或褐色，有的表面着生白点。内含种子 200～300 粒，亦有无籽者。刚收的种子有 6 个月左右的休眠期，当年发芽率 50%～60%。种子寿命很长，发芽力可保持 20 年。

二、生长发育期

（一）休　眠　期

马铃薯块茎成熟收获后有一段时间，即使给以发芽适宜条件也不能发芽，这种现象叫休眠。休眠期开始于匍匐茎尖端停止极性生长、块茎开始膨大之时。这是在进化过程中形成的一种对不良环境条件的适应性。

马铃薯块茎的休眠特性与生产和消费有着密切关系，这是因为休眠期的长短对块茎的耐藏性、播种后能否及时出苗和产量的高低都有影响，在马铃薯二季作区尤为突出，往往成为影响高产的重要因素。

休眠期的长短因品种和贮藏条件而不同，在 26℃左右条件下休眠期短的品种，如丰收白、维粒等休眠期约为 1 个半月；休眠期中等的品种，如克新 4 号、白头翁等休眠期约为 2 个半月；休眠期长的品种，如波兰一号等休眠期约为 3 个月以上。0～4℃条件下，块茎可长期休眠，随着温度升高休眠期也随之缩短。同一品种，大块茎的休眠期比小块茎短，同一块茎上顶芽的休眠期比基部短。

打破马铃薯块茎休眠的方法：①选用有利发芽的场所催芽。一般是把种薯切块，每块有 1～2 个芽眼，放阴凉通风处，一层薯块，一层湿沙，一层层堆积保持湿润，经 7～10 天即可发芽。②芽剂处理。目前使用较多、效果较明显的是赤霉素处理，方法是把切好的马铃薯块茎，在 0.5～1 毫克 / 升赤霉素溶液中浸泡 5～10 分钟，取出后晾干，层积发芽后播种；收获前用 5 毫克 / 升赤霉素溶液喷洒植株，也有促进作用。也可用 0.5%～1% 硫脲溶液把薯块浸泡 4 小时，取出后放入密闭容器中 12 小时，然后埋在湿河沙中，经 10 天左右大部分可发芽，或用 1.2% 氯乙醇溶液把薯块浸湿后立即取出，密闭 16～24 小时，即可播种，注意此法处理时温度要保持在 22℃以下，过高薯块容易腐烂。

抑制薯块发芽可用植物生长调节剂处理，可于采收前 3～4 周用 0.25% 青鲜素（MH）溶液喷洒叶面；也可每 5 000 千克薯块用 98% 萘乙酸甲酯 200～250 克，用少量酒精溶解后加细干土 15 千克，混匀，拌入或分层撒到薯堆中，四周用薄纸或草包覆盖防止挥发，药效可达 3 个月（夏）至半年以上（秋冬）。

（二）发 芽 期

从块茎芽萌动至幼芽出土为发芽期。块茎芽萌动后即开始伸长生长，生长锥由扁平变成半圆球形，最后形成 1 个明显的幼芽。当初芽出土时主茎上的叶原基已分化完成，顶芽变成花芽，呈圆球状。这时生长中心的芽伸长、发根和形成匍匐茎。

马铃薯生长的第一阶段就是打破休眠，特别是秋薯，方法是将整薯用 10 毫克 / 升赤霉素浸泡半小时，然后催出大芽。

影响幼芽和根生长的主要因素是温度。在温度不低于 4℃时已通过休眠的块茎萌动，但不伸长。在 5～7℃时幼芽开始萌发，但很慢。如长时间处于这种低温条件下，幼芽形成极短的匍匐茎，顶端膨大形成小薯或直接从块茎芽眼处长出仔薯。温度为 10～12℃时幼芽生长健壮而迅速，以 18℃为最好。超过 36℃幼芽不易萌发，常造成大量烂种。从播种到出苗，以 10 厘米地温计算，需要积温 260～300℃。在一定范围内温度越高，发芽出苗越快。但温度过高幼芽和根生长细弱，温度过低则发芽慢。生产中春播适期一般为 10 厘米地温稳定在 7～8℃时种。秋播时高温是影响健壮生芽出苗的主要因素。

此外，种薯质量及栽培措施对发芽出苗也有很大影响。幼龄健康薯，组织幼嫩代谢旺盛，生活力强，而且具顶端优势，故出苗齐全而壮，一般比老龄薯提早出苗 3～5 天，出苗率高 20% 左右。经过催芽的种薯比未催芽的出苗快而齐，土壤疏松有利于发根、出苗，深播浅覆土比深播深覆土的地温高、通气好，因而出苗快。春播的播后到出苗一般需 25～30 天，夏秋需 10～30 天。北方春季风沙大、雨少、温度上升慢，在选优质种薯适期播种的基础上，以提高地温为主，采取早播、松土，促进早发芽、早出苗、出壮苗。二季作地区，则以降低地温、保持土壤适宜水分为主，促进快出苗、出齐苗、出壮苗。

（三）幼 苗 期

从出苗到第六片叶（如丰收白）或第八片叶（如白头翁、克新号等）展平时为幼苗期，相当于完成 1 个叶序的生长，故也叫团棵，是马铃薯第二段的生长。幼苗期根系继续发展，茎叶生长量不大，但展叶速度很快，约 2 天发生 1 片叶。在第二段生长时期，第三段的茎叶已分化完成，顶端的花序开始孕育花蕾，侧生的枝叶也开始发生。幼苗期是进一步发棵和将来结薯的基础，无论春季或秋季幼苗期均只有半个月时间，因此幼苗展叶后应加强管理，早追肥以促进幼苗迅速生长，加强中耕除草以保墒、通气。实践证明，苗高 30 厘米前适当干旱，然后及时灌水，使土壤相对湿度保持 60%～70%，有利于根系发育和光合效率的提高。

（四）发 棵 期

从团棵到 12～16 叶展平，早熟品种第一花序开花封顶、晚熟品种第二花序开花时为发棵期，一般需 1 个月左右。在此阶段茎开始急剧拔高，占总高度的 50% 左右；主茎及主茎叶全部建成，并有分枝及分枝叶扩展。早熟种如白头翁，叶面积扩展到总叶面积的 80% 以上，主茎叶占优势、达到总叶面积的 60% 以上；晚熟种如同薯 8 号，叶面积扩展到总叶面积的 50% 以上。同时，根系继续扩大，块茎逐渐膨大至鸽蛋大小，块茎的干物重已超过此期植株总干物重的 50% 以上，说明发棵期生长中心已由同化系统的建立转为产品器官（块茎）的生长。

该期是决定结薯多少的关键，同一植株的块茎大都在该期形成。转折期长达 15～20 天，此期促进转折的原则是对茎叶大促大控，使茎叶达到封垄。生产中，要注意植株的长相，若植株已有 14 片叶，且叶片不太大时宜促。从群体长相看，开始转折时尚未封垅，通风透光好，这样可提高个体产量。

转折的指标：看封顶叶是否长平，即主茎旁的叶要平。丰产株顶叶要舒展；靠近茎基 3～4 片叶的顶生小叶尖端略呈黄色；每片小叶表面均有光泽，边绿微卷像浅盆，当这 3 个指标出现时即开始转折。

（五）结 薯 期

发棵期生长完成，便进入以块茎生长为主的结薯期。此期茎叶发展日益减少，基部叶片开始转黄、脱落，植株各部分的有机养料不断向块茎输送，块茎随之迅速膨大。尤以开花期的 10 天左右膨大速度最快，约有 1/2 的产量于这段时间形成。结薯期的长短，受气候、病害和品种熟性等影响，一般为 30～50 天。栽培管理应以保秧攻蛋（块茎）为主，要有充足的肥水、适宜的昼夜温差和强烈光照，以保持茎叶不衰败，促进养分生产和向块茎加速运转，获得块茎高产优质。

形成块茎最适宜的地温为 16～18℃，25℃时块茎生长缓慢，30℃高温时块茎因呼吸作用的消耗超过养分积累而停止生长，这时由叶部转运来的营养物质全部被用于块茎上芽的生长。当地温因降雨或灌水而降低时，块茎上正在生长着的芽又停止生长并重新累积养分，从而形成子薯，出现球链薯、细腰薯等畸形薯。

三、马铃薯匍匐茎与块茎建成规律

马铃薯匍匐茎和块茎的形成是产量形成的前提条件和基础。匍匐茎可以在主茎任何节位上形成，但进一步发育是多种内、外部因素协调作用的结果。虽然块茎由匍匐茎茎尖发育而成，但不是所有的匍匐茎都能形成块茎，在一般情况下，匍匐茎的成薯率为50%～70%，匍匐茎越多，形成的块茎也多。同时，匍匐茎和块茎的建成还与植株其他器官的生长发育密切相关，匍匐茎生长随萌发的枝条数的增加而削弱；匍匐茎生长与叶片的多少和光合面积的大小有关，随着叶数的增多，匍匐茎数减少；增加矿质养分，能促进匍匐茎的生长。马铃薯植株形成块茎数量的多少，主要取决于发生的匍匐茎数及匍匐茎形成块茎的条件。匍匐茎的形成与地上茎生长间存在对光合产物的竞争，光合系统的迅速建成有利于匍匐茎和块茎的发生，植株地上部各器官的建成是匍匐茎和块茎形成的物质基础。

四、植物生长调节剂与马铃薯生长的关系

近年，国外在马铃薯、甘薯、洋葱、大蒜、胡萝卜、人参等块根、块茎作物上，用某些生长延缓剂与生长促进剂混用促进块根、块茎膨大，均不同程度地取得了增产效果。

氯化胆碱＋细胞激坳素＋类生长素（200～250＋1～5＋10）毫克/升喷1～2次（该混剂已商品化）。

氯化胆碱＋类生长素（200～250＋10）毫克/升喷1～2次。

矮壮素＋细胞激动素（500～1000＋5）毫克/升喷1～2次。

萘乙酸＋细胞激动素（10＋1）毫克/升喷1～2次。

最近日本学者应用脱落酸与促进型激素赤霉素混用，也能促进块根、块茎膨大，而且对人畜安全，不污染环境，具有应用推

广前景。

丁酰肼 1 500～2 000 毫克＋硼酸 100 毫克＋水 1 升，于马铃薯开花前叶面喷洒，增产明显。

用 40% 赤霉素乳油 12.5 毫克＋水 1 升浸种 5～10 分钟，捞出放在 20℃条件下催芽，一般可提早 5～7 天发芽。用 4% 赤霉素乳油 2 500 毫克＋水 1 升，在马铃薯采收前 10～30 天喷洒植株，也能促进块茎发芽。

用 98% 丁酰肼粉剂 2 000～4 000 毫克＋水 1 升，在现蕾至始花期喷洒，可抑制茎节伸长，促进块茎膨大。用 5% 多效唑可湿性粉剂 5 000～6 000 毫克＋水 1 升，在株高 25～30 厘米时喷洒，可抑制茎秆伸长，促进光合作用，控上促下，增加产量。

五、对环境条件的要求

（一）温　度

马铃薯喜冷凉，不耐高温。10 厘米地温为 7～8℃时，幼芽可生长，10～12℃时可顺利出苗。当夜间最低气温稳定高于 -2℃时即可播种，利用地膜覆盖可适时早播。生产中应防止产生闷生薯，即播种后茎上的幼芽变成子块茎，这是因播前种薯窖温太高、芽长，播后遇到低温，无生长条件，引起种薯养分转移，形成新的薯块。茎叶生长的最适日平均温度为 17～21℃，高于 24℃时生长不良，达 29℃时生理失调，匍匐茎不断伸长，顶部不膨大，结薯延迟，甚至匍匐茎伸出地面，变成地上茎。温度在 7℃以下时茎叶停止生长，温度在 -0.8～1℃时即受冻死亡，-3℃时植株全部冻死，温度低于 7℃或高于 42℃时茎叶停止生长，当日平均温度达 25～27℃时茎叶生长受到影响。叶片进行同化作用的最适宜温度，依空气中二氧化碳（CO_2）浓度和光照强度而定，在强光和 CO_2 浓度正常（0.03%）条件下，同化作用的最适温度为 20℃。

茎伸长、匍匐茎发生和叶片扩展要求较高的温度，以 20℃左右最适宜，30℃以上还可生长。块茎膨大生长要求较低的夜间温度，以 12～17℃最适宜。最适宜块茎生长的地温是 16～18℃，25℃以上输送到块茎的养分不用于积累，而是用于芽的生长，特别是在地温较高又逢干旱的情况下，常造成芽的萌发。地温高达 30℃左右时，块茎完全停止生长，且形成的块茎会发芽长出地面。在地温 18～23℃、土壤相对含水量 60%～70% 条件下，块茎白天每天可增长 5 克、夜间增长 1 克，土壤干燥则停止生长。

播种后如果地温长期处于 5～10℃低温条件下，则芽生长缓慢，不易出土，常于幼茎上长出短粗的匍匐枝并在尖端形成块茎，或在幼茎及种薯上直接形成小薯。

（二）光　照

马铃薯发芽初期生长要求黑暗，光照抑制芽伸长，促进加粗、组织硬化和产生色素。幼苗期和发棵期长光照有利于茎叶生长和匍匐茎的发生，短光照有利于块茎的形成与膨大，成薯速度较快。马铃薯喜光，在一定范围内，日照加强光合作用也增强，特别是 CO_2 浓度增加时更显著。因此，合理密植，科学安排群体结构，增施有机肥料，注意疏松土壤，改善 CO_2 供应状况，可以达到充分利用光能而获得丰产。

（三）水　分

马铃薯幼苗期种薯中贮藏着较多的水分，而且叶片小、具茸毛水分蒸发少，加之叶片上腺毛能凝吸空气中的水分，故较耐旱。但如果土壤中没有易被根系吸收的水分，则易使种薯干缩、根不能伸长、芽短缩不能出土。所以，在发芽初期要求土壤有足够的底墒，播种后种薯下面土壤保持湿润、上面土壤保持干爽。

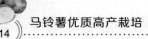

水分也不可太多，否则氧气不足会影响呼吸作用而引起种薯腐烂，或幼芽徒长、主茎下部匍匐茎减少、茎节细弱，结薯延迟，减产。

幼苗期要求土壤相对湿度 50%～60%，前期土壤保持适度干旱、后期保持湿润，比自始至终湿润其净光合率提高 11%～16%，比长期干旱其净光合率提高 46%～50%。

发棵前期保持土壤水分充足，促使尽早发棵，土壤相对湿度保持 70%～80%；后期适当控制水分，利于适期转入结薯期，土壤相对湿度逐步降至 60% 左右。

结薯期块茎生长以细胞体积增大为主，土壤水分供给应充足并均匀，要求土壤始终保持湿润状态，土壤相对湿度保持 80%～85%。结薯前期对缺水尤为敏感，早熟品种缺水敏感期为初花、盛花及终花期；中晚熟品种为盛花、终花期及花后的 7 天内。结薯期土壤板结多湿，可致使薯皮粗糙、薯形不正。严重缺水，或高湿甚至闷死块茎，引起烂薯，以致减产。结薯期土壤水分供给不均匀，则影响块茎正常的形态建成，易出现中细腰薯、子薯、球链薯等畸形块茎。

（四）土壤和气体

马铃薯最适宜的土壤 pH 值 5～5.5，pH 值小于 4.8 叶色变淡，植株生长不良、早衰，减产；大于 7 时，植株也生长不良，减产。发芽期要求土壤疏松透气，土面板结则根系生长不良，推迟出苗时间。发芽中后期要求土壤见干见湿，经常保持疏松透气，土壤板结会引起植株矮缩，叶片卷缩。

块茎生长初期以细胞分裂为主，要求土壤有足够的氧气和适当水分。块茎生长中后期以细胞体积增大为主，要求土壤水分充足均匀并疏松通气，以利块茎膨大。

马铃薯最喜有机肥。追肥只供提苗发棵，应早施。苗期需肥很少，发棵时陡然上升，到结薯初期达到总吸肥量的顶峰，然后又开始急剧下降。氮肥不足，植株矮小，长势弱，产量低。钾肥充足，植株健壮，可促进养分迅速向块茎输送和积累，提高块茎品质，增加耐贮性。但钾肥用量切勿过多，否则会导致减产。磷肥增产效果介于氮和钾之间。

在发棵与开始旺盛结薯交替时，微量元素硼和铜对提高植株的净光合率有特别的作用。铜是含铜氧化酶的组成成分，能增强呼吸作用，提高蛋白质含量，对增加叶绿素含量、延缓叶片衰老、增强抗旱能力有良好的作用。所以，在花期喷施铜素或铜、硼混合液，有增产效果，还兼有防病治病效果。硼的主要作用在于使光合强度保持稳定。

第二章
马铃薯栽培制度与优良品种

一、栽培方式

马铃薯栽培方式可分为纯作和间作两类：纯作指一块地中只栽培马铃薯一种作物，便于机械化作业；间作指马铃薯与其他作物共同栽培在一块地中，能充分发挥土地潜力，增加复种指标，提高单位面积产量。我国中原地区及西南山区普遍采用间作栽培方式。

马铃薯棵矮、早熟、喜冷凉，可以与各种高秆、晚熟、喜热性作物间作，如与玉米、棉花、瓜类、茄子、中幼年果树进行间种套作，效果良好。

马铃薯与其他作物间套作时，在田间布局设计上应考虑解决好以下矛盾：①马铃薯尽量选用早熟矮秧品种，其他作物可选择比马铃薯更喜冷凉和速生者，如小白菜、小萝卜等，在春薯出苗前后间作；也可选比马铃薯耐热、棵大、生长期长者，如茄子、南瓜等。②解决好争肥水、争光照和管理冲突不便的矛盾。利用宽幅或宽带实行多行或小窄行间套栽培，使两种作物互不干扰。一般采用2行马铃薯间套2行其他作物的方式。③要使两种作物的共生期缩短，产品器官形成盛期错开。④适当加强肥水管理。

在逐年或逐季增施有机肥和土传病害不严重的田块，马铃薯可以连作2～3年（二季作则为4～6季）。连作4年以上则会出现减产，且土传病害加重。

马铃薯喜轮作，春薯利用秋季腾地较早的作物间作，以葱蒜类、胡萝卜、黄瓜茬较好。马铃薯与茄科蔬菜有共同病虫害，忌轮换作。大白菜软腐病重、浇水多、收期晚、后茬地板结、土凉，马铃薯作后茬发棵缓慢，长势弱，易烂秧死苗。马铃薯轮作期以 2 年以上为宜。

二、栽培区域与栽培季节

（一）7 个区域划分法

姜城贯根据马铃薯生物学特性和自然条件，将我国马铃薯划分为 7 个栽培区域。

1. 北方夏作区 本区的南界以 175 天无霜期为界，西界及西北界以 250 毫米降雨量为界，包括东北的绝大部分地区、内蒙古自治区及华北的少部分地区，是我国马铃薯主要产区。本区夏季凉爽适于马铃薯栽培。

2. 北方过渡区 本区界于北方一年一作与春、秋两作区之间。西部为青藏高原的自然地理区界，主要包括辽宁南部、河北和山西的大部分地区、陕西的中部地区、甘肃的东南部地区、河南的北部地区及山东东部边缘地区。

3. 春秋两作区 本区包括秦岭黄河以南、长江流域、四川盆地、云贵高原及南岭以北的广大地区，分布较零散。本区可春、夏两作，春作于 2 月底播种，6 月中下旬收；秋作于 8 月上中旬播种，11 月上中旬收。

4. 南方过渡区 本区主要包括福建的中南部、广东的北部及广西的中部，栽培面积较零星，在轮作制度安排上基本是以水稻为主。

5. 南方冬作区 本区以 1 月份平均温度 12℃等值线为北界，

包括福建南部的少部分地区、广东和广西南部的边缘地带、台湾的南半部、海南省全部及南海诸岛屿。

6. 青藏区　主要包括西藏和青海的全部地区及四川的西北部地区。本区温度适宜马铃薯生长，一般可在 4 月份播种，10月份收获，有扩大栽培前景。

7. 蒙新区　主要包括新疆和内蒙古的西北部地区、西部及北部的荒漠与草原，全区自然条件差异大。

（二）4 个区域划分法

据农业院校教材，将我国马铃薯栽培分为 4 个区域。

1. 北方一作区　包括黑龙江、吉林、辽宁、内蒙古、河北的坝上高原、山西的雁北、陕西和甘肃的北部、宁夏、青海、新疆、西藏等地区，是我国马铃薯的主要产区之一，马铃薯栽培面积占全国栽培面积的 1/3。

本区的纬度和海拔均偏高，部分地区海拔在 2 000～4 000米，马铃薯生育期短，仅 90～130 天，冬季时间长而寒冷，夏季凉爽，昼夜温差大，结薯期雨量充沛，非常适宜马铃薯生长。4 月份播种，9 月下旬至 10 月下旬收获。为充分利用当地的自然资源，适宜选用中晚熟和中熟品种，为了延长贮藏时间，要种植休眠期长的品种。

2. 中原二作区　本区贯穿秦岭、长江流域、四川盆地、黄河流域和北回归线以北的广大地区，包括山东、江苏、浙江、安徽、江西、湖南、湖北东北部和中南部、四川东部、甘肃及陕西南部、河北及山西南部地区，以及广西、广东、福建、台湾北部一带。本区马铃薯分布较分散，城市郊区作为蔬菜栽培的比较集中。因出口需要，马铃薯已由菜区向粮区发展，与玉米、棉花等作物进行间套种，创造了粮棉不减收、多收一季马铃薯的栽培方式。

本区马铃薯生长发育期较长，一般为 150～280 天。因夏季长的关系，不利于马铃薯生长，因而采取春、秋两季栽培方式，春作于 2 月中下旬至 3 月上中旬播种，5 月下旬至 6 月中下旬收获；秋作于 7 月下旬至 9 月上旬播种，10 月下旬至 12 月中旬收获。本区马铃薯种性退化比较严重，生产中由于实行精耕细作，产量仍保持较好的水平。

3. 西南单双季混作区　包括湖北西部的恩施一带、川西高原及云南、贵州等地区，本区地形复杂，由于海拔高度不同，马铃薯栽培方式和品种类型也不相同。

4. 南方二作区　本区以 1 月份平均温度高于 12℃等温线为北界，包括福建、广东、广西、台湾等地区及海南的南部与海南诸岛屿。本区利用农作物冬闲季节种植马铃薯，实行两稻两薯（即早稻—晚稻—秋马铃薯—冬马铃薯）的栽培方式，获得了稻薯双丰收。

本区气候温和，夏季达 6～8 个月，雨量极多且集中在春、夏、秋三季，冬季较少。马铃薯栽培主要集中在秋、冬、春 3 个季节，9～10 月份播种的为秋播，11～12 月份播种的为冬播，翌年 1～2 月份播种的为春播。由于本区自然条件复杂，栽培制度多样，故马铃薯栽培方式及留种方法非常复杂，要求马铃薯品种类型多种多样。

（三）栽培季节

根据马铃薯结薯最适宜的温度条件确定栽培季节，把地温 16～18℃、白天温度 24～28℃、夜间 16～18℃，作为结薯盛期的温度条件。同时，春季栽培 10 厘米地温应稳定在 5～7℃，或以当地断霜之日为准，向前推 30～40 天作为播种适期。北部地区地温上升缓慢，长期处在 12℃以下，如用种薯播种，则因发芽初伸长慢而使种薯养分积累于芽尖，形成小块茎（俗称蔓生薯）而再度休眠，造成缺苗断垄，所以播期不宜过早。二季作区春薯是用未通过休眠的种芽，经过催芽处理后播种，地温长期较低不会造成蔓生薯，所以播种宁早勿晚。多年来中原各地栽培经验表明，于播种适期每推迟 5 天，会减产 10%～20%。

近年来，中原各地春种播种期越来越早，一般提到惊蛰前后，甚至有的早到顶凌播种。马铃薯由于经过低温锻炼且苗芽时含糖量较高其抗冻性较强，即使出苗时遭遇严重霜冻，去顶部后仍能重新发枝生叶，产量仍然比晚播的高。晚播必然晚收，中原地区夏季高温多雨，晚收不仅易引起种性退化，而且烂薯死苗严重。

二季作区秋薯栽培季节确定：以当地杀死马铃薯枯株的枯霜期为准，先确定生长期结束临界日期，再据此往前推 50～70 天为临界出苗期，按种薯出苗所需天数确定播种时期。

三、优良品种

优良品种是马铃薯获得优质产品、高经济效益的基础。丰产性好、适应性强、抗病虫害、抗逆性强、块茎品质优良、能满足一定的用途要求和市场需求的品种即为优良品种。根据品种的不同用途分为鲜薯食用和鲜薯出口、油炸食品加工和淀粉加工等不同的食用品种；根据品种成熟期的长短，又可分为早熟、中熟和晚熟等类型。

（一）出口创汇品种

我国马铃薯主要销往日本、东南亚及我国港澳地区，要求薯块椭圆形，薯形整齐，表皮光滑，黄皮，黄肉，单薯重在 50 克以上。近年来生产中主要采用东农 303、费乌瑞它、郑薯 6 号等品种。

（二）鲜薯食用和鲜薯出口用品种

有中薯 2 号、3 号、4 号、5 号、6 号，费乌瑞它，豫马铃薯 1 号，春薯 4 号，川芋早，川芋 56，超白，坝薯 9 号，会一 2 号，翼张薯 3 号，南中 552，鄂马铃薯 1 号，下寨 65 号，宁薯 2 号，青薯 168 号，晋薯 7 号，克新 13 号，米拉（德友 1 号、和平），陇薯 2 号，宁薯 5 号等。

（三）高淀粉品种

系薯 1 号，晋薯 2 号，高原 4 号、7 号，榆薯 1 号，晋薯 8 号，安薯 56，春薯 3 号，陇薯 3 号，克新 12 号等。

（四）油炸加工和鲜食兼用型品种

油炸食品主要指炸薯片、炸薯条。炸薯片专用型品种要求结薯集中，薯块大小中等均匀、圆球形，炸片颜色浅，食用味道好，薯块不空心，相对密度大于 1.085，淀粉分布均匀，较耐低温贮藏。炸薯条专用型品种要求适用性广，薯块长圆形，炸薯条颜色浅，食用味道好，相对密度大于 1.090，淀粉粒结晶状，分布均匀，较耐低温贮藏。目前主要品种有大西洋斯诺登、春薯 5 号、鄂马铃薯 3 号、尤金、赤褐布尔斑克、阿克瑞亚、克新 1 号、翼张薯 4 号等。较适合马铃薯馒头的品种有中薯 3 号、青薯 9 号、大西洋、夏波蒂和费乌瑞它等。

（五）彩色马铃薯品种

彩色马铃薯是普通栽培马铃薯的自然变异，其块茎薯皮或薯肉为红色、粉红、蓝色和蓝紫色等，2008 年被首次正式定义。彩色马铃薯和普通马铃薯一样营养价值非常高，是一种全营养食品，同时还含有一类功效独特、具有药用价值的物质，即花青素和多酚，其含量相当于蓝莓。该物质是防治疾病、维护人类健康最安全的清洁剂，具有防癌抗癌、减少心血管疾病发生、美容减肥、延缓人体衰老的作用。主要品种有红皮红肉的红玫瑰、紫皮紫肉的紫玫瑰、黑皮黑肉的黑玫瑰、黄皮黄肉的黄玫瑰等。

第三章
马铃薯退化与留种

一、退化现象

马铃薯在南方和夏季炎热地区，连年用块茎春种繁殖，植株长势逐年削弱，并出现各种畸形，如植株矮化、叶片粗硬、茎叶卷缩、分枝变大、块茎瘦小或呈畸形，产量下降，最后失去种用价值的退化现象，特别是在温度高的地区表现更为突出。马铃薯退化是世界性的问题，我国严重退化地区主要分布在北纬45°以南和海拔900米以下的地区。群众形象地称之为："1年好，2年孬，3年不行了"。

二、退化原因

关于引起马铃薯退化的原因是近100年来生物学和农业产业一直争论的问题，概括起来大致有3个学说。

（一）年龄衰老学说

这是早期对马铃薯退化的认识。认为退化是由于栽培过程中长期采用无性繁殖，使种性衰老变劣，退化的种性可通过块茎携带给下一代，因而加剧了退化的发生。有人提出马铃薯虽普遍发生退化，但并没有从作物中淘汰掉，主要是由于植株下部随时在形成年龄不同的茎块，其中一部分未及成熟就被收获，具有自然复壮的作用。因此，要利用有性繁殖，建立实生块茎留种田，用未充分成熟的茎块作种，使种薯复壮，以防止退化。

（二）病毒学说

1916 年和 1931 年荷兰人匡吉对叶片卷缩做了研究，证明病毒能借嫁接传递，认为卷叶系病毒。之后荷兰的鲍吉士（Oortuyn Boties，1920），美国的史丘兹及佛尔生（1921）先后发现卷叶病及花叶病的自然传播媒介为蚜虫。自此以后欧美学者一致认为退化的主要原因是病毒通过块茎逐代传递，毒量逐渐增大，最后导致退化，因此要采用抗病育种、检疫等措施防止退化。由于退化具有严格的地区性和季节性，高纬度和高海拔地区退化很轻或不退化，利用夏播留种退化也轻，因此人们对病毒侵染说又提出怀疑。

（三）生态学说

生态学说是前苏联李森科根据有机物外部环境统一的原理和阶段生育学说提出来的，认为马铃薯在南方退化严重是因植株在生长或贮藏期间使生长点受到连续高温的影响变得衰老，用它繁殖的后代必然退化。认为马铃薯退化严重是由于植株在生长期间，或块茎在贮藏期间受高温影响，使芽眼生长稚嫩，细胞在连续高温影响下变得衰老，用它繁殖后代必然产生退化植株。因此，建议采用夏播留种，利用秋凉时形成的块茎来复壮。

我国对马铃薯退化问题的研究始于 1953 年，研究认为引起退化的原因有内因和外因两个方面，而外因主要是病毒。中国科学院微生物研究所在男爵品种的天然实生苗中选到 1 株与男爵品种相似的单株，在隔离病毒传染的条件下经繁殖获无病毒种薯。从 1956 年开始，一般春播条件下在北京地区防虫网室中连续栽培 11 年，生长发育完全正常，毫无退化现象，由此说明没有病毒感染就不发生退化。高温条件下生产的种薯容易引起退化，除高温有利于传毒媒介（蚜虫）活动外，更重要的是高温促使病毒迅速侵染和复制而加重退化。

据报道，危害马铃薯的病毒有33种，我国普遍存在而且危害严重的有马铃薯卷叶病毒（PLRV）、马铃薯 γ 病毒（PVY）、马铃薯 X 病毒（PVC）、马铃薯 A 病毒（PVA）、马铃薯 S 病毒（PVS）及马铃薯纺锤块茎类病毒（PSTV）等6种病毒或类病毒。严重感染马铃薯卷叶病毒病的产量损失可达40%～50%，马铃薯 Y 病毒引起的产量损失高达80%。马铃薯病毒很多是从烟草、番茄等作物上传染而来的。一种病毒的各个株系之间有干扰作用，或称交互保护作用，即马铃薯植株受一种花叶病毒的某一个株系的侵染后，就不会受同一种病毒的另一个株系的侵染；相反，各种花叶病毒之间则有协生作用。马铃薯体内一种花叶病毒的浓度因另一种花叶病毒的后继侵染而增加。马铃薯在无性繁殖过程中花叶病毒复合侵染率的逐代增加是花叶病症状加重的基本条件。

三、马铃薯保种与留种

（一）马铃薯品种保留

所谓保种就是通过各种手段或栽培措施，生产无毒或少毒种薯，以保持品种的最高生产力。荷兰、英国、加拿大等国家的种薯质量已接近无毒化，其品种也基本趋于稳定。荷兰是世界上马铃薯单产最高的国家，但近年来荷兰全国主要栽培品种仅3～4个；英国占马铃薯栽培面积50%的威产和爱德华七世2个品种距今已有70多年的栽培历史，这充分说明了保种的重要性。因此，各地种植马铃薯都应有1～2个最适宜的品种和少数几个搭配品种，针对品种的特性采取相应的保种措施，这样品种少，毒源单一，不易造成混杂、抗病力丧失及病毒的复合侵染。

在此必须指出，温度直接影响植株生长和抗病性，也关系到病毒繁殖与侵染能力。马铃薯起源于南美的冷凉地区，在其系统发病过程中形成了要求冷凉气候的特性，在高温条件下栽培会使植株长势衰弱，从而降低或丧失对病毒的抗病力或耐病力而加重退化。同时，一定程度的高温有利于某些病毒的增殖及危害，但对另外一些病毒能起到抑制作用；反之，在冷凉条件下栽培，既有利于增强抗病力，又可控制某些病毒的增殖，因而表现不退化或退化轻微。总之，马铃薯退化与否决定于马铃薯品种的抗病、耐病性与病毒的致病力，二者之间某一方作用的强弱依品种抗病机制的强弱为根据，而温度等条件的高低或适合与否，对品种的抗病耐病力的强弱与病毒侵染致病力的大小有密切关系。

（二）冷凉季节留种

又叫秋播留种或二季作秋播留种保种法，就是将种薯在低温条件下贮藏到翌年的夏季或直接将当年夏季早收的春薯于晚夏或秋初（即6月下旬至8月底）播种，于晚秋冷凉条件下结薯，从而获得供翌年生产用的健康种薯。这样由于马铃薯在适合其特性要求的冷凉条件下生长发育，避免了结薯期的高温，提高了对病毒的抵抗力，同时低温对导致马铃薯退化的某些病毒有抑制作用。

秋播留种应注意的问题：①选用适宜秋播、抗病、高产的品种，种薯必须是无退化症状的健薯。②适期播种，既可使植株能在冷凉条件下结薯，又可获得较高的产量。具体播种期一般按当地早霜期向前推算70～80天。③按1∶10的比例建立足够面积的留种田，夏播1亩留种田可供10亩地栽培用种。加强留种田管理，及时去杂去劣。④秋播当年产量比春薯低，宜适当密植和套种，以提高单位面积产量。⑤种薯低温贮藏，防止过早发芽。

（三）冬季或早春较低夜温培育种薯

二季作区利用露地春收薯，秋播复壮方法具有一定效果，但技术难度大，不易出苗和保苗，产量低且不稳定，同时，这种留种法，即使可将秋播用的春薯提早收获，也难以使其结薯期处在更低温度条件下，所以采用这种春薯秋播复壮方法效果不够理想。

（四）马铃薯脱毒

脱毒是指把马铃薯中的病毒除掉，常用方法有以下几种。

1. 自然选择　用眼观察选择没有病毒病症状的植株，再经病毒鉴定，就可能产生无病毒的植株。目前国际上块茎脱毒方法有两种：一是鉴定芽子带毒情况淘汰病薯。二是鉴定一丛中的某个块茎，淘汰感病株丛的全部薯块。这两种方法均有缺陷，这是因为不同芽子、同一株丛的不同枝条带毒状况不同。我国目前大多用病毒抗血清来检查。

2. 物理方法　X射线、紫外线、超短波和高温等很多物理因子，均能使病毒失活，其中有些处理已在生产中应用。热处理是物理学方法中较早被人们采用而且是最有成效的一种方法，人们发现病毒和寄主植物对高温的忍耐性有差异，利用这个差异，选择适当温度处理和时间，就可使寄主体内的病毒失活，而寄主继续存活，从而达到防治目的。热处理的常用方法是热空气或热水处理，用热空气处理效果较好，可直接用薯块进行处理，也可处理生长的整个植株或部分植株。最近采用的热处理方法是将挖出的芽子在40℃条件下存放4小时，再在16～20℃的温室中存放20小时，这样反复处理8周，即可脱去芽子的卷叶病。印度对卷叶病脱毒处理方法是，将其在32℃的露天仓库中存放2个月，再在29℃的库中放4个月。

3. 化学药剂处理　某些化学物质能抑制植物病毒的增殖，如硫尿嘧啶等。因病毒为无细胞结构的生物，靠自己的核酸入侵寄主，利用寄主代谢功能复制自己，因此病毒和寄主的关系更为密切。虽然很多药剂能使病毒在体外失活，但却对寄主有严重的毒害作用。此外，大多数药剂也难于使体外各部分的病毒全部失活，当药效结束后，存留的病毒还会迅速增值到原有水平，故化学治疗脱毒目前仍在实验室阶段。

4. 生物学方法 根据大多数病毒不侵染种子的特性，可利用实生苗、茎尖培养、愈伤组织、游离细胞或原生质体等产生无病毒植株。

茎尖培养又叫分生组织培养、生长点培养、茎分生组织培养、茎的顶端培养等，利用枝芽生长尖进行组织培养，可以脱除病毒，生产无病毒种薯，茎尖培养方法是剪取 2～3 厘米的壮芽，削去叶片，放在自来水下冲洗 1 小时左右，再于无菌室内进行严格的消毒，一般先用酒精迅速浸泡，再用 5% 漂白粉溶液（或 5% 次氯酸钠溶液）浸泡 5～10 分钟，然后用无菌水清洗 2～3 次，消毒效果可达 90% 以上。之后用解剖针削去幼叶，切取带 1～2 个叶原基的茎尖组织接种到加有植物生长调节剂的培养基上（0.05 毫克 / 千克 6- 苄基嘌呤、0.1～1 毫克 / 千克萘乙酸等），置于 25℃ 条件下，每天用 1 000～3 000 勒日光灯照射 16 个小时，经 3 个月左右形成 3～4 片叶的小植株时，移入土壤中栽培。

对茎尖培养成的无病毒植株主要通过几种方法繁殖：①直接在无虫网室内利用块茎繁殖。②在无虫网室内用其插枝繁殖，插后 7 天左右可生根，14 天后进行移植。③组织培养切段繁殖。将无病株切成小段，每段 1 片叶，置于培养基上，经 2～3 天，长出新根及胚芽，每个月能增加 7～8 倍，1 年的繁殖系数可达 $10^{7\sim8}$。④切段在土壤中繁殖，即将带 1 片叶的茎段插于经高压灭菌或铁锅炒过的湿土中进行繁殖。

5. 采取农业措施防止退化

①建立无病毒的留种基地。马铃薯对病毒的抗侵性，受温度影响特别明显，近来实验证明，20℃ 条件下多种病毒用汁液摩擦时极易传染，而在 15℃ 时则很困难。因此，在高山冷凉地区建立繁殖良种基地可以减少病毒病，同时高山上因紫外线较多，蚜

虫较少，从而可以减少病毒传播；但必须采用脱了病毒的种薯效果才明显。退化较轻的地区收薯时，在田间选择秋季冷凉条件下结的幼薯做种，此类茎块在植株生长后期已达成熟抗性阶段，病毒不易侵染。即使侵染，因植株抗性病毒的活动力也差，故用晚结的小薯作种较好。另外，因病毒是随营养的流动方向前进的，所以同一块茎上脐部的芽眼带毒少，顶部芽眼带毒多。

②实生薯的利用。马铃薯病毒除纺锤块茎病毒外，均不能通过种子传播，故用实生苗繁殖可以排除病毒。

③加强治虫，可防病毒。

④淘汰病株。

⑤调节播种期和收获期，使块茎在冷凉季节形成，减少传毒机会。

⑥利用二季作，夏播、早收留种。夏播，在高纬度及海拔800～1 000米以上地区，在6月下旬至7月初播种，利用夏播保种，秋凉季节结薯，复壮种薯。在中原地区或无霜期为150天以上的地区，秋播在7月中旬至9月初播种，利用秋凉复壮种薯。华南各地于冬末春初播种，利用早春凉季复壮种薯。早收留种是减少种薯再染病毒的有效方法，马铃薯叶片被病毒侵染后病毒扩散传到薯块需要经过7天，在病毒侵染到块茎之前拉秧或早收，能有效阻止蚜虫传播的病毒往块茎中转移。

第四章
马铃薯高效栽培技术

马铃薯栽培以春薯为主，这是因为春季栽培较容易，且产量稳而高。夏播及春、秋二季作的秋播均为留种手段。

一、春马铃薯栽培

（一）整　地

马铃薯喜轮作，若逐年增施有机肥也可连作 2～3 年。马铃薯的抗盐碱能力很弱，当土壤含盐量达到 0.01% 时表现出敏感，碱性土壤栽培易感染疮痂病。适宜的土壤 pH 值为 5～8，以 pH 值 5.5～6 为好。马铃薯对土壤的适应性强，最喜疏松肥沃、排水良好的土壤，对土壤孔隙度的要求很高，疏松的土壤通气良好有利于块茎膨大，可防止后期块茎腐烂。所以，播种前应精耕土地，做到深、细、匀、松，以保证根系充分发展，为块茎迅速发育奠定基础。前作物收获后最好先进行灭茬，然后深耕 30 厘米，深耕后最好及时耙地碎土过冬，有灌溉条件的还要做畦冬灌，以使虚土下沉，表土破碎松软，还可为春季积蓄更多的水分，避免春旱时因灌水而降低地温。开春后要抢时顶凌耙地，碎土保墒。春季因距播期较近，一般不再耕翻，未进行冬耕或冬耕后春季需增施基肥的可进行浅耕。

基肥要求富含有机质，可施用充分腐熟的骡马、牛、羊粪便及杂草秸秆沤制的堆肥，使土壤松软，肥效完全而持久，特别是骡马粪有改善马铃薯疮痂病的作用。基肥充足的，结合耕地把基肥的 1/2 或 2/3 翻入耕作层，每亩可施纯净厩肥 1～2 吨，其余的基肥在开播种沟时集中沟施；基肥不足时应全部沟施。

播种前穴施种肥，对发芽期种薯中的养分迅速地转化供给幼芽和幼根生长有很大的促进作用。例如，穴施过磷酸钙的种薯中有 9.3% 的淀粉在播种后 20 天可转化为糖，穴施过磷酸钙和硝酸铵的为 6.7%，穴施过磷酸钙、硝酸铵和氯化钾的为 4.6%；对土壤中氮素利用的能力以不施种肥的作为 100%，则穴施磷肥的为 106%，穴施磷、氮混合种肥的猛增至 345%。施种肥时结合拌施农药，可以防治地下害虫。种肥每亩可施尿素 2.5～5 千克、钙镁磷肥 10～15 千克、草木灰 25～50 千克。

（二）种薯处理与育苗

为提早生长发育和出苗整齐，未通过休眠的种薯须进行种薯处理。有时为接早春绿叶蔬菜茬或节约种薯，可进行育苗栽培。

1. 种薯处理

（1）**整薯消毒**　消毒一般用 0.3%～0.5% 甲醛溶液浸泡 20～30 分钟，取出后用塑料袋或密闭容器密封 6 小时左右，或用 0.5% 硫酸铜溶液浸泡 2 小时，也可用 50% 多菌灵可湿性粉剂 500 倍液浸种 15～20 分钟，然后切块。

（2）**切薯**　切块一般在催芽或播前 1～2 天进行。切块大小与单株产量有很大关系，切块大产量高，但用种量过大，不太经济，故一般切块以不小于 25 克重为宜。肥力高的地块可小些，肥力差的地块应大些。

切薯方法有纵切、纵横切及斜切等，切口距芽眼 1 厘米以上，一般 50 克左右的小薯纵切一刀，一分为二；100 克左右的中薯，纵切两刀，分成 3～4 块；125 克以上的大薯，先从脐部顺着芽眼切下 2～3 块，然后从顶端部分纵切为 2～4 块，使顶部芽眼均匀分布在切块上。切块时随时剔除有病薯块，切块刀具需用 75% 酒精，或 0.5% 高锰酸钾溶液，或 5% 来苏儿溶液，或 5% 甲醛溶液浸泡消毒。顶部芽眼生长势强而且密集，若切成 2 块，以纵切为宜。若基部芽眼比较衰老，芽眼被薄壁组织压缩，生长势弱，发芽率低，生产力不高，尽可能不用。

切块时应注意选芽，并且使芽与切口相距 0.2～0.4 厘米，这样既不伤芽，又利于生长和发根。切块应在栽前 1～2 天进行，在温度为 20℃、空气相对湿度为 90%～95% 的环境中切块伤口容易愈合。生产中也有人在临栽时切块，用草木灰涂抹伤口，这个方法不仅有局部施肥的效果，而且由于伤口愈合较慢，种薯呼吸较强，有加速发芽之效。

种薯切块后要及时做好防腐处理，可用 70% 甲基硫菌灵可湿性粉剂 2 千克加 72% 硫酸链霉素可溶性粉剂 1 千克与石膏粉 50 千克混拌均匀，或用干燥草木灰边切块边蘸涂切口。防腐处理后将薯块置于通风阴凉的干燥处摊开，使伤口充分愈合并形成新的木栓层后再行催芽或播种。

（3）暖种晒种（春化处理） 于播种前 30～40 天进行春化处理。第一步暖种催芽，即将种薯置于温度为 20℃ 左右的黑暗环境中 10～15 天，让薯块内各种酶类如淀粉酶、蛋白分解酶等活动起来分解养分，供给芽眼迅速萌发生长，直到顶部芽有 1 厘米大小时为止。第二步晒种催芽，见芽后为避免幼芽黄化徒长和栽种时碰断芽，应将暖芽后的种薯放在阳光下进行晒种，保持 15℃ 的低温，让芽绿化粗壮，一般需 15 天左右。在这个过程中幼芽伸长生长停止，不断形成叶片、匍匐茎和根原基，使发育提早。同时，晒种能限制顶芽生长，促使侧芽发育，使薯块各部位的芽基本发育一致。各地试验结果和经验证明，晒种一般可增产 20%～30%。但晒种时间不宜过长；否则，会造成芽衰老，将来引起植株早衰，还易受早疫病侵染。

秋薯芽口紧，春播时为使出苗快而整齐，最好先催芽。方法是在播种前 15～20 天将切好的薯块放在温室或阳畦等温暖的地方，在地面先铺一层 6～10 厘米厚的湿沙，其上放一层薯块，用湿沙覆盖后再放第二层薯块，共放 3～4 层，最后用湿沙盖严，上面覆盖玻璃、草帘防寒保湿。萌芽前温度保持 15～18℃，出苗后保持 12～15℃，并给以散光照射，当芽长 1～1.5 厘米时播种。

也可用赤霉素或硫脲等药剂浸种催芽。赤霉素浸种时，切块用 0.5 毫克 / 升溶液浸泡 5～10 分钟，整薯用 5～10 毫克 / 升溶液浸泡 10 分钟；硫脲浸种时，可用 1/300～1/200 溶液浸泡 4 小时。取出后置于密闭容器中 12 小时，然后在湿沙中催芽。暖晒后的种薯，如果中下部芽很小、不到 2 毫米以上，为促使出苗后迅速发棵结薯，可于切块后用 0.1～0.2 毫克 / 升赤霉素溶液浸泡 10 分钟，或用 50 毫克 / 升甘油赤霉素溶液于播前 15～20 天涂抹种薯顶部芽眼或用酒精∶水∶甘油为 1∶3∶1 溶液喷洒种薯。

2. 育苗 于断霜前 20 天进行育苗。采用冷床方块或密挤排列育苗。种薯单芽切块，播后覆土 3～4 厘米厚，地温保持 15～20℃。栽植前，低温通风锻炼幼苗。长期贮存的种薯休眠期早已通过，可将整薯密挤排列在苗床，上覆土 7～10 厘米厚。待苗高 20 厘米以上时起出种薯，剔取带根的苗栽植，种薯可再用于培养第二批苗或直接播种大田。

（三）栽 植

栽植可用整薯，也可用切块。用切块栽植，种薯先切成立体三角形块。暖晒的种薯可选用芽切块。未暖晒的种薯，中小块取纵切法，以利用顶芽优势；大块按芽眼切。用锋利切刀靠着芽切。

马铃薯播期因品种、气候等而不同，主要是使结薯盛期处在月平均温度 17～25℃ 的时间段，避过当地的高温季节和病害流行时期。一般春播适期的早限在终霜前 30～35 天、10 厘米地温达 6～8℃。马铃薯苗芽在 4～5℃时便可生长，早播利于发生强大的根系。但过早，温度低不易抽芽，会在种薯上形成小块茎的仔薯代替芽苗。

规划合理密植时应结合株行距的合理配置，经验证明，适当放宽行距，缩小株距，既便于中耕、培土、灌水、施肥，利于通风透光，防止郁蔽徒长，同时株间距增大，还能遮阴防旱，降低地温，有利结薯。因此，生产中多采用宽窄行种植或宽垄双行三角形种植，增产效果显著。

（四）播种方法

马铃薯以垄作为主，播种方法多种多样，根据播种后薯块在土层中的位置可分为以下 3 类。

1. 播上垄　薯块播种在地平面以上，或与地平面同高，称播上垄。此法适于涝害出现多的地区，或易涝地块。其特点是覆土薄、地温高，能提早出苗。因覆土浅，抗旱能力差，遇严重春旱时易缺苗。为防止春旱缺苗，可以把薯块的芽眼朝下摆放，同时加强镇压，这种播种方法在播种时不宜多施肥。为了保证结薯期能多培土，避免块茎外露晒绿，垄距不宜过窄并用小犁深趟。常用的播上垄方法是在原垄上开沟播种，即用犁破原垄而成浅沟，把薯块摆在浅沟中，同时施种肥，然后用犁趟起原垄沟上面的土壤，将其覆到原垄顶上合成原垄镇压。

2. 播下垄　薯块播在地平面以下，称播下垄。岗地、多春旱的地区或早熟栽培时多采用此法。这种播法的特点是保墒好、土层厚、利于结薯、播种时能多施有机肥，但易造成覆土过厚，地温低出苗慢，苗弱。所以，生产中一般在出苗前耪 1 次垄台，减少覆土，提高地温，消灭杂草，促进早出苗、出齐苗。常用播下垄的方法有点老沟、原沟引墒播种、耪台原沟播种等。

（1）点老沟　适于前茬是原垄或麦茬后垄的地块，这种方法省工省时，利于抢墒，但不适于易涝地块。

（2）**原垄沟引墒播种**　在干旱地区或地块，为保证薯块所需水分，在原垄沟浅趟引出湿土后播种，如播期过晚，也可采用原垄沟引墒播法。

（3）**耢台原沟播种**　在垄沟较深、墒情不好时采用此法。沟内有较多的坐土，种床疏松，地温高，但晚播易旱。有秋翻地基础的麦茬、油菜茬等地，可采用平播后起垄或随播随起垄的播法。平播后起垄可以播上垄，也可播下垄，主要取决于播在沟内还是两沟之间的地平线上，播时多采用土铧犁开沟，深浅视墒情而定，按株距摆放薯块，滤肥，而后再用土铧犁在两沟之间起垄覆土，随后用木磙子镇压 1 次，这样薯块处在地面上为播上垄。此法适于春天墒情好、秋天易涝的地块。

3. 平播后起垄　播种时覆土厚度不小于 7 厘米，在春季风大的地区，覆土可加厚至 10～12 厘米，出苗前耢地，使出苗整齐健壮。

此外，马铃薯种植方法，还有芽栽、抱窝栽培、苗栽、种子栽培、地膜覆盖栽培等。芽栽和苗栽是用块茎萌发出来强壮的幼芽进行繁殖；抱窝栽培是根据马铃薯的腋芽在一定条件下都能发生匍匐茎结薯的特点，利用顶芽优势培育矮壮芽，提早出苗，采取深栽浅盖、分次培土、增施粪肥等措施，创造有利于匍匐茎发生和块茎形成的条件，促进增加结薯层次，使之层层结薯高产高效。种子栽培能节省大量种薯，并可减轻黑胫病、环腐病及其他由种薯传带的病害。因种子小而不宜露地直播的，需育苗定植。地膜覆盖栽培，可提高土壤温湿度，利于保墒保肥，对土壤有疏松作用，还可抑制杂草滋生。

合理密植能充分利用土地、空间和阳光，由于茎叶茂密，荫蔽可降低地温，对块茎的形成有利。密植程度要根据不同地区、品种和土壤肥力等而定，一般行距 50～60 厘米，株距 20～27厘米。播种后盖土 10 厘米厚，过浅表土易干，不能扎根，影响出苗。覆土后加盖薄膜，能提早出苗 10 天，增产 20% 左右。

秧苗栽植采用开沟贴苗法，盖土至初生叶处。然后浇透水 1～2 次，浇后随即中耕，促根系生长。第二次浇水时结合追肥，以后还要分次追肥提苗发棵。秧苗栽植每亩栽 6 000～8 000 株。

（五）田间管理

春薯栽培管理要点在于贯彻一个"早"字，围绕土、肥、水进行重点管理，满足一个"气"字。

出苗前土壤墒情好，发芽期的管理在于始终保持土壤疏松透气，降雨后应耙破土壳。

出苗到团棵应紧紧配合马铃薯苗期短、发棵早、生长快的特点，提早追施速效氮肥，每亩施纯氮 2.5～5 千克，随后浇水、中耕。第一遍中耕应深锄垄沟，使土壤松软如海绵，以利气体流通交换；团棵到开花，浇水与中耕紧密结合，土壤不旱不浇，可进行中耕保墒。结合中耕逐步浅培土，直到植株拔高即将封垄时进行大培土。培土时应注意保留住茎的功能叶。

发棵期追肥应慎重，需要补肥时可放在发棵早期，或等到结薯初期。若发棵中期追肥，或虽然早施但肥效迟，则会引起秧棵过旺，延迟结薯。发棵到结薯的转折期，如秧势太盛，控制不住，可喷矮壮素 B9 等抑制剂。开花后进入块茎猛长时期，这时马铃薯的生育特点是营养生长与生殖生长同时并进，茎叶生长与块茎形成、膨大同时进行。马铃薯各器官的生长发育是有机联系的，前期茎叶的壮大发展是后期块茎迅速膨大的必要条件，因此本阶段前期的中心任务是促进茎叶健壮生长，同时防止茎叶徒长，避免延迟块茎形成；后期的中心任务是稳定叶面积，增强同化功能，防止早衰，促进块茎迅速膨大。为此，生产中应采取下列措施：①继续中耕培土，在封行前抓紧中耕培土 1～2 次，注意中耕要浅，以免伤及匍匐茎和幼薯；培土要厚，以防薯块外露，并降低地温。②增施"催蛋肥"。现蕾时结合中耕培土追施

"催蛋"肥，特别要增施钾肥，这时若秧苗长势弱每亩可配合施硫酸铵 5 千克左右。据青海香日德试验，现蕾期每亩追施草木灰 100 千克，可增产 26%。

土壤应始终保持湿润状态，尤其是开花期的头三水更为关键，所谓"头水紧，二水跟，三水浇了有收成"。一般在块茎形成前，灌水能增加薯块数量；薯块形成后，灌水能提高块茎重量。结薯前期对缺水有 3 个敏感阶段：早熟品种在初花、盛花和终花期；中晚熟种在盛花、终花和花后 1 周。

结薯后期，水分不仅是植株生长的需要，还有调节地温的作用，特别是结薯期正值夏初，灌水可以降温。灌水必须均匀，尤其是块茎膨大期间，要尽量避免忽干忽湿。块茎形成时，若土壤过旱，则会使薯块表面形成厚肥的木栓化表皮，块茎停止膨大；以后若重新遇到雨水、土壤湿润，块茎又重新开始生长，但因肥厚表皮的包围，使原块茎膨大困难，致使其又从芽眼中重新抽生短匍匐茎，继而膨大形成新球链的次生块茎，这就极大地降低了商品价值。

春薯中耕宜早，特别是出苗前，每次雨后必须中耕，这样能使表土疏松，不仅可保持水分，地温也高，对发芽出苗很有利。从出苗后直至封垄前可再中耕 1～2 次。为使养分集中，结合中耕尽早除去过多的萌蘖，每穴留苗数量依播种密度、肥力及品种等而定，一般为 1～2 株。留苗过多时仔薯增加。

马铃薯块茎是由腋芽尖端膨大形成的，腋芽成枝条或成块茎，这完全取决于该枝条个体发育所遇到的生态条件。匍匐枝暴露在光照下先端不膨大而变成普通枝条，或把普通枝条行遮光使其处在黑暗中，而先端长成肥大块茎，证明黑暗是形成块茎的必要条件，而加厚土层是造成黑暗条件的有效措施，所以生产中马铃薯必须经常培土。马铃薯培土应做到早培、多培、深培、宽培，一般应从株高 10 厘米左右时开始培土，每 15 天 1 次，共 2～3 次，厚达 13～17 厘米即可。

在马铃薯整个生长发育期需钾最多，氮次之，磷最少。苗期肥水不可过多，特别是氮肥不能过量，否则很易引起徒长，尤其是晚熟品种更甚。出苗后，结合中耕每亩施硫酸铵 10～15 千克，只要不太干旱尽量不浇水。当块茎开始膨大后对肥水的需要量剧增，由于块茎开始发育的时期常与现蕾期相一致，而块茎的迅速膨大期与开花期相吻合，所以当植株现蕾后，即薯块有拇指大时起，可以顺水灌人粪尿 1～2 次，这对促进茎叶生长、延长同化器官寿命、加速块茎肥大、提高产量有决定作用。到开花盛期，每亩可施草木灰 600 千克左右，以利块茎的形成和膨大。采收前约 1 个月时，为加强同化物质向块茎转运，提高淀粉含量，可用 1% 硫酸镁溶液、1% 硫酸钾溶液，或 1% 过磷酸钙浸出液叶面喷施。

有机质含量高或肥水条件特别好的地块，遇到高温或寡照天气会造成植株徒长，出现"光长秧子不结豆"现象。可选择在现蕾末期至开花初期，喷洒 15% 多效唑可湿性粉剂 60～90 毫克 / 升溶液。使用后若仍有旺长趋势，可隔 1 周再喷施 1 次。喷药最好选择在晴天上午露水消失或下午 2 时后进行，如喷药后 6 个小时遇雨，需补喷 1 次。早熟品种、植株较矮的中早熟品种一般不施用，否则会抑制营养生长，造成减产。

块茎是马铃薯的储藏器官，块茎的发生是在团棵前后、茎顶花芽分化时开始的，块茎的形成是在开花后进行的。马铃薯各个生长时期都有特定的形态特征为标志，栽培条件和农艺措施对各个生长时期有决定性影响。张远学等曾在现蕾期采用切除茎尖的方法，解除顶端优势，结果表明自茎尖向下第五叶带叶切除为最佳，其单株茎块数、平均产量、商品薯率分别比对照提高 48%、49%、12%。说明马铃薯切除茎尖后，顶端优势消失，块茎增大、块茎数量增多、单株产量提高。当切除的茎尖所带叶片由 0 上升至 5 片时，块茎随之增大、数量增多；当切除的茎尖所带叶片多于 5 片后块茎各性状趋于下降，说明茎尖切除的适宜大小为自茎尖向下 5 叶左右。马铃薯栽培传统上有摘花蕾、摘花、摘枝、摘黄叶的习惯，是值得继续推广的经验。此外，为防止马铃薯早春冻害，可在寒流来临前，叶面喷施草木灰浸出液，或覆盖稻草、杂草、无纺布等保温，待冷空气或霜冻过后及时揭除，然后视苗情进行根外追肥，促进生长。

（六）收　获

1. 收获期的确定　马铃薯生理成熟时产量最高，干物质含量也最高，还原糖含量则最低。因此，一般商品薯生产和原种薯生产应在生理成熟期收获，尽量争取最高产量和成熟的薯块。马铃薯成熟的标志是植株大部分茎叶由绿色变为黄色并逐渐枯黄，匍匐茎干缩，易与块茎脱离，块茎表皮形成了较厚的木栓层，块茎停止增长。但若此时收获不能获得最高的经济效益，则应根据市场规律，早收 10 天或晚收 10 天，以获得最大经济效益。马铃薯达到商品成熟期，块茎 70 克以上即可收获，生产中可根据栽培块茎的用途、当地的气候、土质及市场等情况灵活掌握。在城郊作蔬菜栽培时可以根据品种成熟期和市场需要分期收获，冬藏的可适当晚收，地势低洼或排水不良处，为了避免涝灾应考虑提前收获。同时，还应考虑下茬作物的播种时间，尤其种植早熟马铃薯或地膜覆盖的中早熟马铃薯，为了下茬作物能及时播种应早收，以提高土地的经济效益。

2. 收获前杀秧　一般商品薯生产在收获前 1～2 周杀秧，供鲜食用的可在植株还比较青绿时杀秧，利用后熟作用加速块茎表皮木栓化。可采用机械和化学药剂杀秧。机械杀秧是利用专用机械或镰刀、木滚等将马铃薯地上部茎叶割除或打碎，使之死亡。化学药剂杀秧是利用触杀灭生性除草剂或触杀性作物催枯剂，每亩可用 20% 敌草快水剂 200～250 毫升，兑水 80～100 升喷施。

3. 收获方法　收获尽量选择晴天进行。收获前 7～10 天，先割掉秧棵，使块茎在土中后熟，表皮木栓化，这样收获时不易破皮。用木犁趟翻或机械收获，块茎翻出后人工捡拾集中小堆。人工捡拾时应随之分级，把破损薯、病薯单放。晾晒 1～2 天后运回，放置在贮藏窖附近预贮 20 天左右，预贮时注意覆盖防冻。

二、秋马铃薯栽培

马铃薯需要的温热较少，生长期又短，故 6 月份采收的春薯同年内再种植可以收获秋薯。

（一）精细整地，施足基肥

为满足马铃薯对土壤养分的要求，前作收获后深耕土壤 20 厘米以上，细耙 2 遍，做到地面平整、上虚下实。结合整地，每亩施土杂肥 3 000～5 000 千克或腐熟干鸡粪 1 000～1 500 千克、三元复合肥（氮 15%、磷 15%、钾 15%）100～150 千克。基肥分 2 次施入，1/2 于耕前撒施，1/2 在播种时条施在播种沟一旁或隔穴施于播种沟内。为增加土壤中钾的供应量，可增施化肥总量 10% 的硫酸钾。

（二）选种催芽

1. 选种 秋马铃薯一般采用当年春薯作种，若用休眠期长的品种，则发芽延迟，出苗后不久即遇寒流，产量低。所以，秋薯应尽量选生长期短又容易发芽的品种，如丰收白、白头翁、双季一号、红眼窝等，大西洋、大长白等品种也可用。费乌瑞它是农业部从荷兰引进的早熟品种，生长快，品质好，淀粉含量 12%～14%、粗蛋白 1.6%、维生素 C 13.6 毫克 /100 克鲜薯，适合出口，是优质的秋薯品种。

选中小薯作种，尤其以小整薯为好。种薯用 64% 噁霜·锰锌或 50% 多菌灵可湿性粉剂 500～600 倍液浸泡 15～20 分钟消毒杀菌。

2. 催芽处理 秋播时春薯正处休眠状态，所以打破休眠和催芽是秋播的第一关。秋播时尽量选用薯块上半部作种，并从贴近芽眼处切开。为了避免种薯在高温高湿条件下腐烂，种薯切开后要用清洁的凉水把切口上的渗出液和淀粉洗去，晾干水分后再进行催芽。催芽应选阴凉、通风、避雨的地方，先在地上铺厚约 10 厘米的湿沙，再将种薯一层一层摆上去，共 3～5 层，层间用沙隔开，上面盖好。催芽期间温度保持 25～28℃，湿度以手握沙能成团即可（湿度过大易烂种），经 7～10 天，当芽长 0.5～1 厘米时即可播种。

种薯发芽后也可进行摊晾，这样可使幼芽由细变粗、由白变绿，更加粗壮，播种后出苗快、烂种少。

赤霉素无药害，催芽速度快，还有促进生长的后效，是打破休眠的理想药剂。配制时先用白酒或酒精溶解，再加水配成溶液，配好的赤霉素溶液可连续使用 1 天，用 1 克赤霉素配制的溶液可浸泡 1 000～1 500 千克种薯（表 4-1）。

表 4-1 赤霉素有效含量配制的不同浓度浸种液

配制浸种液浓度（毫克/升）	加水量（升）			
	赤霉素有效商品含量 100%	赤霉素有效商品含量 85%	赤霉素有效商品含量 50%	赤霉素有效商品含量 25%
0.5	2 000	1 700	1 000	500
1	1 000	850	500	250
5	200	170	100	50
10	100	85	50	25
20	50	42.5	25	12.5

注：不同有效含量的商品赤霉素用量均为 1 克。摘抄自《马铃薯良种繁育与高效栽培技术》。

（1）**切块处理法**　种薯经挑选后，选择雨后凉爽晴朗天气或清晨傍晚时刻、气温 27℃ 以下的阴凉通风场所进行切块。边切块边浸种，不可切块成堆；否则薯堆产生呼吸生热，切伤面易感染酵母菌，使切面发粘，浸种后不易晾干。浸种用的赤霉素浓度因品种、种薯贮存天数、催芽或直播而有差别，如丰收白为 0.2～0.23 毫克/升、白头翁为 0.4～0.6 毫克/升，切块浸泡 10～15 分钟。浸种后捞出摊放在凉席上，切面朝上晾干，选择有风阴凉、没有阳光透射的地方，使切面能在 0.5～2 小时内晾干。晾干的标准，用食指轻触切面无丝毫黏滞感，手指轻轻滑过切面感到滑溜。切块也不可晾干过度，否则切块边缘变色，周皮与薯肉易分离，烂块常由此处发生。

切块晾干后，即可置于土床上分层催芽。芽床应设在通风遮阴避雨处，床土以沙壤土为宜，透气保墒的黏壤次之。床土事先备好，湿度达到手握成团、丢下散开为宜；过湿引起烂块，过干不能发芽。切忌上床前后喷水。切块上床后 6～8 天、芽长度达 3 厘米时拔出切块，堆放在原地，经散射光照使芽绿化变紫，如此锻炼嫩芽 1～3 天。

（2）**整薯处理法**　用整薯播种可有效控制细菌病害导致的烂秧死苗。整薯有完整周皮保护，不容易吸收赤霉素，因此处理时药液浓度应大些、时间应长些。休眠期短的品种，如丰收白，或芽已萌动的种薯，可用 2～5 毫克/升赤霉素溶液浸种 0.5～1 小时，捞出后随即直播于湿润的土壤中，以免薯皮和土壤干燥，致使赤霉素作用失效。休眠期较长的品种如白头翁、克新号等，可用 10～15 毫克/升赤霉素溶液浸种 0.5～1 小时，捞出后随即堆积在阴凉通风避雨处，薯堆上盖湿润细土 6～7 厘米厚，再覆盖草棚保墒，出芽后经绿化锻炼即可播种。收获 1～2 个月的整薯发芽不齐，一般分 3 批、共需 20 天完成催芽。少数品种如万农 4 号，整薯用赤霉素溶液浸泡无效，可用甘油赤霉素溶液涂抹法。

（3）**整薯甘油赤霉素处理法**　甘油有亲水保水性，与赤霉素混合使用效果好。方法是赤霉浓度为 50～100 毫克 / 升，甘油与水的比例为 1∶4，将 2 种溶液混合，在种薯收获后 20 天用棉球沾药液涂抹薯顶或喷雾。

在催芽过程中为防止烂薯，应确保做到采取"三净三凉"（即水净、沙净、刀净和凉时切块、凉水洗冲、凉沙催芽）、控制苗床水分、防止雨淋、保证有良好通气状态等措施。

（三）适时播种保全苗

陕西关中地区秋薯播期，晚熟品种以 7 月中下旬为好，早熟品种以 7 月下旬为好。

秋薯生育期短、发棵小，播种密度应大，一般每亩留苗 6 000～7 000 株。秋薯播种期间，常由于高温干旱、土壤板结或土壤阴湿紧实而引起薯块腐烂造成严重缺株、断垄现象，生产中防止烂块、力争全苗是秋薯丰产的重要前提，为此必须保证土壤具备发芽所需的凉爽、湿润、通气条件。

1. 偏埂深播　秋薯种浅了怕高温，种深了又怕雨涝，生产中可采用东西畦、南高北低的方式，把薯块种到埂北腰部，这样太阳晒不着且排灌也方便。同时，因播于埂侧，土壤疏松，覆土可稍深些，当快要出苗顶土时再把垄顶土壤扒开，更利于出苗。也可采取挖浅沟深 5 厘米，平放种薯，然后在两行种块中间开沟起垄，耙平垄面，种薯表面距垄面 10～12 厘米，种薯处于垄底与垄面之间，高于地表，可避免湿度过大烂种。

2. 凉时抢种，小水勤浇　播种要避开雨天，最好在下午或早晨地凉时趁墒播种，这时地温低不易伤芽。播后缺墒的趁早、晚小水灌溉，既可降温，又可避免垄背板结，有利出苗。播后最好用玉米秸秆或遮阳网覆盖地面，降低土壤温度，减少水分蒸发。

3. 早中耕，勤保墒　出苗前过多灌溉，特别是大水漫灌，极易造成土壤板结，引起烂薯。故中耕要早，尤其是出苗前后松土更为重要。出苗前若能进行土面覆盖，更有利于促进出苗。

（四）加强管理促早发

秋薯生长后期易受早霜危害，生长期短，要抓住有利的生长时期，特别是生长前期要加强管理，培育壮苗，促进早发，形成强大的同化器官，为中后期块茎肥大奠定基础。所以，秋薯栽培除基肥要充足外，出苗后要进行抗旱降温、小水勤灌、及时中耕，严防板结，同时早施苗肥，猛促生长。后期又要注意保温，以延长收获期，提高产量。方法是增加培土厚度和压秧，压秧就是把植株地上部顺垄压在垄南，这样即使有轻霜，秧苗也不至于全部枯死。

（五）防寒迟收夺高产

为夺取秋薯优质高产，应尽量延长马铃薯在田间的生长期，生长期间向植株周围多次培土、覆草、施草木灰，既可保温保湿，又可防止冻害。若扎拱棚覆盖薄膜防霜冻，可延迟收获近1个月，增加产量。扎棚要在10月15～20日前后，即早霜来临前完成。白天外界气温低于15℃、夜间在7℃以上，可全天通风。白天气温低于15℃、夜间低于7℃，白天通风要由小到大，再由大到小，顺序通风；夜间少通风或不通风，以免霜害，这样可延迟到11月上旬收获，一般应在基叶被酷霜打死后收获。收获应选择晴天上午9时至下午4时进行，刨收的薯块在田间晾晒3～4小时，然后挑选，将种薯、商品薯分开，入窖贮藏。刚收获的薯块切不可装入编织袋，以免装袋碰伤表皮，薯块失水变软，影响商品性。

此外，秋薯栽培中还有整薯直播、老本再植和掰杈扦插等繁殖方法。整薯直播就是种薯不经催芽而直接播种的方法，比催芽秋播简便，但因高温高湿易缺苗。实践证明，采取趁墒抢种，开沟点薯，起垄深埋，创造良好的发芽条件，出苗期及时推平垄背，助苗出土，对保证全苗有良好作用。

整薯秋播就是用不经切块的完整薯块播种。众所周知，种植秋薯时正是高温多雨季节，也是病菌蔓延之际，切块播种不仅烂块、缺株严重，而且细菌性病害如环腐病、青枯病等常因切刀带菌而蔓延。用整薯播种不经切块和冲洗，不仅操作简便，种薯上没有刀伤、病害少，容易保证全苗；同时，整薯本身营养充足，顶端优势明显，大部分植株均由顶芽长成，所以出苗齐、幼苗长势强，产量一般比切块者提高 60% 以上。

整薯秋播方法：春薯收获后选择重 25～50 克的块茎作种薯。将其摊贮于干燥通风的室内，播前 10～15 天再转入阴凉处沙积催芽。整薯播后多头出苗，应间苗掰蘖，每穴留 1～2 株，因整薯播种发棵大，故播种密度应较切块者稀些。另外，整薯播种出苗较慢，尤其对休眠期长的品种最好用赤霉素浸种催芽，所用赤霉素浓度依品种而异，如丰收白可用 1 毫克/升赤霉素溶液浸种 1 小时，紫花黄、东北黄园可用 2～5 毫克/升浸种 1 小时，而万农 4 号即使用 10 毫克/升浸种也不易打破休眠。

老本再植是在春薯收获前 7～10 天，选择健壮的植株，割去上部枝叶，留下 15 厘米高的老植株（老本），连同下部小薯一起挖起重新栽植，使其继续形成大薯。也可不另栽植，只在收取大薯后培土灌水，使其重新生长结薯，此法称之为"剪秧扒豆"。老本再植不仅能够成活结薯，还有防止品种退化之效。

掰杈扦插，始于河北省，是在春薯盛花期从健壮植株中下部选择长 23～27 厘米的分枝，横向掰下，使芽杈的茎部带一块马蹄形茎盘，然后将其底部在 100～200 毫克/升萘乙酸溶液中浸泡 5～10 分钟，或在 20 毫克/升 2,4-D 溶液中浸 20 分钟后进行栽植。现在有人将侧枝截断成带 1～2 叶片、长约 60 厘米的段条，先插于苗床中，经 10 天左右生根，然后栽植，取得了更好的效果。该法节省种薯，利于株选，特别是能充分利用生长季节，在生育期较短的夏播地区可以试用。

（六）二季作区秋薯稻草覆盖栽培技术要点

秋薯播种时，正是二季作地区高温多雨季节，所以秋薯栽培与春薯有所不同。

1. 选用良种 稻草覆盖栽培秋播马铃薯应选东农303、中薯2号、克新4号等块茎膨大快、结薯早、产量高、较耐高温、经济效益好的品种。

2. 施足基肥 稻草覆盖，出苗后不中耕、不追肥，所以播种时必须一次施足基肥，一般每亩施优质农家肥1 000～1 500千克、腐熟人粪尿肥500～700千克、三元复合肥50～70千克。农家肥可撒施在畦面上，也可浅盖种肥；复合肥则应施在离种薯7～8厘米的行间，不可直接与种薯接触。

3. 浸种催芽与播种 秋薯栽培容易发生环腐病和青枯病而造成烂薯死苗，所以提倡采用整小薯播种。如用当年春播收获的马铃薯做种薯，在播前7～10天用3～5毫克/升赤霉酸溶液浸种0.3～1小时，取出晾干后催芽，然后分级播种。一般在8月底至9月初播种。播种稻田要开沟整畦，一般畦宽（连沟）1.6～1.8米，畦沟深0.15～0.2米，将开沟挖起的泥土敲碎均匀铺在畦面上，使畦面呈弓形。如土壤过干，应先灌水使之湿润，于翌日上午9时前，趁土温凉爽时播种，将种薯直接摆放在畦面，稍压实后在种薯上盖些细土，促进早发芽根、早出苗。秋马铃薯生育期较短、单株结薯少，因此要提高种植密度，一般按行距0.4～0.5米、株距0.15～0.2米为佳。播种后将肥料施于行间，其上盖8～10厘米厚的新鲜干稻草。出苗后注意抗旱保苗，生长期内一般不中耕除草，也不施肥，生长中后期如发现叶片早衰，需叶面喷施0.2%磷酸二氢钾和0.5%尿素溶液，连喷1～2次。

4. 及时收获 秋马铃薯应在初霜来临前收获，收获过早，块茎未充分膨大，产量低；过迟，种薯容易受冻，失去种用价值。

三、马铃薯地膜覆盖栽培

（一）马铃薯覆盖地膜的种类

1. 普通地膜 这是一种无色地膜，透光性好，覆盖后可使地温提高 $2\sim4$℃，适用于我国北方低温寒冷地区，也适用于南方早春作物栽培。主要有高压低密度聚乙烯地膜、低压高密度聚乙烯地膜和低密度聚乙烯地膜，常用厚度为 $0.015\sim0.02$ 毫米、宽度为 $45\sim180$ 厘米。

2. 有色地膜 在聚乙烯树脂中加入有色物质，可以制成具有不同颜色的地膜，如黑色地膜、绿色地膜和灰色地膜等。由于它们具有不同的光学特性，对太阳辐射光谱的透射、反射和吸收性能不同，因而对杂草、病虫害、地温变化、近地面光照及作物生长有不同的影响。有色地膜厚度一般为 $0.10\sim0.30$ 毫米，其透光率仅为 10%，使膜下杂草无法进行光合作用而死亡，用于杂草多的地区可节省除草成本。黑色地膜本身增温快，但热量不易下传而抑制土壤增温，一般仅使土壤上层温度提高 2℃。

3. 特殊功能性地膜 具有某种特定功能的地膜，如耐老化长寿地膜、除草地膜、黑白双面地膜、黑白相间地膜、可控性降解地膜等，用于马铃薯栽培的主要是除草地膜、黑白相间地膜。除草地膜灭草效果好，药效持续期长。黑白相间地膜是黑色膜和透明膜相间排列的地膜，有调节根系温度的作用，黑色膜下地温低，透明膜下地温高，早春作物定植于透明膜下，提高成活率，后期根系伸至黑色膜下，可防高温障碍。

（二）选种备种

地膜覆盖是一项促进早熟及节水的技术，生产中应选用早熟性好、生长发育快、结薯早的优良品种，争取早上市，获得高效益。一般选用适合春季早熟高产栽培的生育期为 55～65 天的早熟品种，采用脱毒种薯或直接从高纬度或高海拔地区调来适栽品种的原种小整薯作为种薯。播种前精选种薯，然后进行催芽处理，以促进幼芽提早发育并减轻环腐病、晚疫病危害。

选用优良脱毒种薯是马铃薯丰产优质的关键技术措施。脱毒种可选用"G2"或"G3"作大田商品薯生产用种，每亩备种薯150 千克左右，切块可以稍微大些。播前 25 天左右将种薯从贮藏处取出，选择薯形规整、符合品种特征、薯皮光滑色鲜、大小适中的薯块做种。切块应大小均匀一致，以利出苗整齐健壮。

（三）精细整地

地膜覆盖栽培应选地势平坦、缓坡在 5°～10°之间、土层深达 50 厘米以上、土质疏松（最好是轻沙壤土）、保肥保水性强、排灌方便、肥力在中等以上的地块。重施基肥，结合整地每亩可施充分腐熟有机肥 1 500～2 000 千克、三元复合肥 40 千克、硫酸钾 10 千克。敲碎泥块，整平畦面，大多采用宽畦双行密植栽培，畦宽 80～100 厘米，沟宽 25～30 厘米，沟深 25 厘米左右。

地膜覆盖对整地要求较严格，深翻 20～25 厘米，在深浅一致的基础上细整细耙，使土壤达到"深、松、平、净"的要求，具体应做到平整无墒沟，土碎无坷垃，干净无石块、无杂物，墒情好，必要时可以先灌水增墒。施肥方法有两种：一种是在做畦前，把有机肥、化肥和农药均匀地撒于地表，再耙入土中；另一种是在做畦时，把有机肥和农药撒于播种沟内，化肥撒入施肥沟内，基肥可 1/2 撒施，1/2 开沟集中施，做畦时翻于土中。

覆盖地膜的方式有平畦覆盖、高畦覆盖、高垄覆盖和沟覆盖 4 类，生产中常采用高畦覆盖和高垄覆盖 2 种方式。

高畦覆盖：整地后做畦，畦面底宽 80 厘米、上宽 70～75 厘米，畦高 10～15 厘米，两畦距离 40 厘米。一畦加一沟为一带，一带宽 1.2 米。具体操作时采用"五犁一耙子"做畦法，即第一犁从距地边 40 厘米处开第一沟，沟深 15 厘米左右，在距第一沟中心 40 厘米处开第二沟。先施肥的，即把有机肥和杀虫剂撒进沟底，使沟深保持在 12 厘米左右。先播种后覆膜的，先把芽块播入沟中，株距 22～25 厘米。然后，在第一沟另一边的 35 厘米处开第三犁，在第二沟另一边同样开第四犁，并使这两犁向第一、第二沟封土。最后再在第一、第二犁之间，开一浅犁，深度 6～7 厘米为第五沟，专作施肥沟，把化肥足量施入沟内，形成畦坯。之后用耙子找细，将第一、第二、第五沟覆平，搂好畦面，做好畦肩，使畦面平、细、净且中间稍高，呈平脊形。畦肩要平，高矮一致，以便喷洒除草剂和盖膜。下一畦的第一沟距前一畦的第二沟中心 80 厘米，第二沟仍距第一沟 40 厘米。以此类推，就形成了一个个 1.2 米宽一带的覆膜畦。覆膜畦实行双行播种，薯苗长出后即成为大行距为 80 厘米、小行距为 40 厘米的大小垄形式。

高垄覆盖：在马铃薯整地施肥后，按底宽 60～70 厘米、高 10～15 厘米起垄，每垄覆盖一幅地膜。高垄覆膜增温效果一般比平畦高 1～2℃。高垄上播种 1 行种薯。

（四）覆　膜

地膜厚度一般为 0.03 毫米，幅宽应根据马铃薯垄的宽度确定，如 70 厘米宽的垄，需用幅宽 80 厘米的地膜覆盖，生产中常采用幅宽 80～90 厘米的地膜。高畦覆盖栽培可选用配色地膜，双行垄的用幅宽 90～100 厘米，中间的种植带用幅宽 30～35 厘米、厚度 0.005～0.008 毫米的超薄透明膜；每亩用膜 4～5 千克。可播 2 行，斜对角播种，播种时应打线对直，覆盖时对准地膜种植行。高垄覆盖可选用幅宽 90～100 厘米的透明膜。严格按地膜覆盖要求，精细整地，畦（垄）面无坷垃平滑，地膜严密扣紧，压好膜边，防止风吹，以保障地膜升温保墒的效果。

畦床做好后立即喷洒除草剂，马铃薯常用除草剂有乙草胺、氟乐灵、异丙甲草胺、氟草醚等。一般每亩用90%乙草胺100～130毫升，或50%氟草醚130～180毫升，或48%氟乐灵100～150毫升，或72%异丙甲草胺120～130毫升，加水30～40升喷施。

覆膜时膜要拉紧，贴紧地面，畦头和畦边的薄膜要埋入土里10厘米左右，并用土埋住压严，用脚踩实。盖膜要掌握"严、紧、平、宽"的要领，即边要压严、膜要盖紧、膜面要拉平、见光面要宽。为防止薄膜被风揭起，可在畦面上每隔1.5～2米压一小堆土。

（五）提早催芽播种

地膜覆盖栽培可采用催大芽提早播种方法。在1月底至2月初进行种薯切块催芽，即播前15～20天将块茎切成带1～2个芽眼、每块重25克左右的薯块，在温暖处晾1～2天。然后，按1:1比例与湿润细沙（或土）混合均匀，并将其按宽100厘米、厚25～30厘米摊开，上面及四周覆盖湿润细沙6～7厘米厚。也可将湿润的沙摊成宽10厘米、厚6厘米、长度不限的催芽床，上面摊放一层马铃薯切块、厚5厘米左右，然后盖一层沙，依次一层切块一层沙，可摊放3～4层，最后在上面及四周覆盖湿润细沙6～7厘米厚。温度保持15～18℃，不低于12℃，不超过20℃，严防温度过高引起切块腐烂。待芽长至3厘米左右时，即可将切块扒出播种，生产中一般气温平均稳定在5℃以上、10厘米地温稳定在10℃以上时播种。

地膜覆盖栽培2月底播种，选择晴朗天气的以上午9时至下午4时播种为宜。播种深度一般10厘米，地膜覆盖栽培，适宜覆土厚些。采取宽垄双行密植，一般以垄宽60～80厘米、垄高20～25厘米、垄距15～20厘米为宜。

先播种后盖膜：顺序是先开沟，施入种肥并与土混合，然后播种，每垄双行，一垄宽100厘米。按计划株距摆薯块，摆在沟底向垄背处，然后用沟边的土覆盖成宽垄，用菜耙镇压后再搂平，播种结束后覆盖地膜。这种方法可以掌握播种深度，达到深浅一致，由于播种深度适宜，有利于结薯，后期可以不进行培土。

先铺膜后播种：顺序是先起垄，铺膜后经几天的日光照射，垄内温度升高后再播种。播种时用移植铲或打孔器按株距打孔破膜播种，孔不要太大，深度 8 厘米左右，深浅力求一致。芽块或小整薯播下后，用湿土盖严，封好膜孔。这种方法由于铺膜后地温上升快出苗也较快，如遇天旱，还可坐水播种。缺点是一般播种较浅，不易达到播种的标准深度，人工开穴其深浅不一致，出苗不整齐。

地膜覆盖栽培，一般播后 25 天出苗，要及时破膜放苗。出苗后及时查苗补苗，剔除病、烂薯块，补栽提前准备的大芽薯块，保证苗全苗齐。

（六）田间管理

地膜覆盖马铃薯以保温、增温为中心。由于地膜覆盖，土壤蒸发量极少，只要播种时土壤墒情好，出苗期一般不需浇水和施肥。出苗后，及时破膜，放苗时用土将苗基部的破膜封严，以免幼苗接触地膜烧伤或烫死。当幼苗拱土时，及时用小铲或利器在对准幼苗的地方将膜割一个 T 形口，把苗引出膜外后，用湿土封住膜孔。出苗率达 70% 时，及时查苗补种。晴天膜下温度很高，出苗后如不及时放苗，膜内的幼苗会被高温"烫"伤，引起叶片腐烂。先覆膜后播种的，播种时封的土易形成硬盖，如不破开土壳，苗不易顶出，因此也需要破土引苗。但引苗时破口要小，周围用土封好，以保证膜内温湿度。喷施除草剂的地块，更应及时破膜，使幼苗进入正常生长。如有寒流，可在寒流过后进行破膜放苗。在生长过程中，要经常检查覆膜，如果覆膜被风揭开或被磨出裂口，要及时用土压住。

田间管理的重点是壮棵，注意加大肥水管理，以水促肥，对基肥施用不足的地块，可酌情补施速效肥料。土壤不旱不浇，注意耕松沟底土壤，结合中耕浅培土。结薯期管理重点是防止茎叶早衰，延长茎叶的功能期，促进块茎形成与膨大。要使垄内土壤始终保持湿润状态，确保水分供应，浇水避免大水漫灌，灌水量不宜超过垄高的1/2，不可漫垄或田间积水过多，遇大雨应及时排水。收获前5～10天停止浇水，促使薯皮木栓化，以利收获。对因雨水或浇水冲刷造成的垄土塌陷处，要及时培土，防止产生青皮块茎。对茎叶早衰田块，可进行根外追肥，同时注意防治病虫害。结薯期若有小薯露出土面或裂缝较大，要及时掀起地膜培土，然后重新盖严地膜，以免薯块见光发绿。

马铃薯地膜覆盖栽培，由于地膜的韧性，马铃薯幼芽不能自行穿破地膜，需进行人工放苗。晴天中午地膜下温度高，放苗不及时，极易造成马铃薯幼芽热害，严重者直接烫伤腐烂，因此不适合规模化种植的需要。马海艳等人根据土壤压力研究，推广了马铃薯膜上覆土技术，即马铃薯出苗前，在地膜上覆盖适当厚度的土，让幼苗自行穿破地膜出苗。研究结果表明，在马铃薯顶芽距离地表2厘米时，于地膜上覆土2～4厘米厚，可以有效提高马铃薯出苗率，而且出苗整齐，块茎青头率低，商品薯率高，产量高。

（七）适时收获提早上市

根据生育期及市场行情，一般在5月底至6月初收获，宜在上午10时以前和下午3时以后收刨。收获时尽量不伤薯皮，以便贮存和运输。收获后及时清理残留的地膜，保护土壤环境。随刨收随运输，严防块茎在田间阳光下暴晒。运输不完时，将块茎在田间堆积成较大的堆，用薯秧盖严，严防暴晒，以免块茎变绿。

四、马铃薯早春拱棚栽培

早春利用拱棚栽培马铃薯，使收获期提早至4月底至5月初，

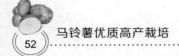
较露地栽培收获期可提早 30 天左右。

（一）建棚与扣棚

1. 建棚 生产中常用的保护措施有小拱棚、中拱棚、大拱棚 3 种。可以单独使用，也可以在大拱棚内套中拱棚、中拱棚内套小拱棚、小拱棚内覆地膜，进行多重覆盖。

（1）小拱棚 一般采用 5～8 厘米宽的毛竹片或小竹竿做骨架，每 1～1.5 米间距插 1 根，拱架高度 50 厘米左右，一般 1 个拱棚覆盖 2 行或 4 行马铃薯。为提高拱棚牢固程度，可在棚的顶点用塑料绳固定串在一起，并在畦两头打小木桩固定。播种后及时搭建小拱棚并覆棚膜，用土将棚膜四边压紧，尽量做到棚面平整。通常 4 垄马铃薯为一棚，拱杆长 2.5～3 米，2 根竹竿搭梢对接，做成高 90 厘米、宽 3～3.2 米的拱棚。选用幅宽为 2 米、6 米、8 米的农膜，分别覆盖种植 2 垄、6 垄、8 垄马铃薯的拱棚，设置 1 行立柱或不设立柱，用 0.08 毫米厚的薄膜覆盖。

（2）中拱棚 以 6～8 垄马铃薯为一棚，棚宽 1.2～1.6 米，棚高 3～6 米，棚长 50～80 米，棚体多为竹木结构，棚中间设 1～3 行立柱，用 0.08～0.12 毫米厚的薄膜覆盖。拱杆长 3.5～6 米、直径 2 厘米。

（3）大拱棚 标准钢管大棚、竹木结构大棚或简易大棚均可。生产中大多选用 GP-825 或 GP-622 型单栋塑料钢管大棚，以 10 垄马铃薯为一棚，棚宽 8 米，设 4 行直径 6 厘米的立柱，用直径 4 厘米、长 5 米的竹竿作顺杆，将各行立柱连接起来，用直径 3 厘米、长 5 米的竹竿对接成拱杆，各种接头用 14 号铁丝扎牢，用厚 0.1～0.12 毫米的薄膜覆盖。大棚需要在播种前 20 天搭建完成，以南北走向为好，棚与棚保持 1 米以上的间距。

2. 扣棚 播种后应及时扣棚，用土将农膜四边压紧，尽量做到棚面平整。棚两边每隔 1.5 米打一小木桩，用 14 号铁丝或塑料压膜线拴住两边小木桩并绷紧，以达到防风固棚的目的。

拱棚栽培最好采用南北走向。这是因为南北向受光好，棚内温度均匀；由于春季北风、西北风、东南风多，南北向棚体受压力小。

（二）整　地

拱棚种植马铃薯的地块要平坦、肥沃、旱能浇涝能排、土壤耕作层深厚疏松，以沙质土最佳。前茬以大白菜、萝卜、甘蓝、大葱、黄瓜、菜豆、棉花、大豆、玉米等作物较好。避免连作或与其他茄科作物如番茄、辣椒、茄子等连作。播种前 15～20 天深翻，一般耕深不能浅于 23 厘米。整地要深浅一致，不漏垡。结合整地施足基肥，严禁施用未经充分腐熟的有机肥，以免有机肥在棚内发酵产生有毒有害气体，对马铃薯造成危害。采用深沟高畦栽培，一般 6 米宽大棚做 3 畦、8 米宽大棚做 4 畦，畦沟宽 25～30 厘米、深 30 厘米。

（三）种薯准备及处理

1. 精选种薯　早熟脱毒品种可选用豫马铃薯 1 号和 2 号、鲁引 1 号、津引 8 号、荷兰 15 号、费乌瑞它、中薯 3 号、早大白、东农 30 号等。若早熟与丰产兼顾，以高产取得高效的可选用鲁引 1 号、津引 8 号等品种。播种前精选种薯并进行催芽处理，以利幼芽提早发育，减轻坏腐病、晚疫病等危害。每亩备种薯 150～200 千克，选晴暖的中午晾晒 1～2 天，并剔除病薯、烂薯和畸形薯。北方一季作区繁育的种薯由于收获早，已通过休眠期，种薯可在 10～15℃条件下存放。中原二季作区秋繁种薯，从收获到播种时间短，正常放置很难通过休眠期，应把种薯放在 20～25℃条件下 10～15 天进行预醒，待幼芽萌动时预醒结束，也可在切块后用赤霉素溶液喷洒或浸种。切块可以稍大一些，50 克左右的小种薯纵切成 2 等份，100 克左右的种薯纵切成 4

等份，大薯按螺旋状向顶斜切，最后把芽眼集中的顶部切成3～4块，发挥顶端优势。切块时，若切刀被病薯污染，需用75%酒精消毒。

2. 种薯催芽 采用催大芽提早播种，在12月底至翌年1月初进行切块催芽。催芽可在冬暖大棚、土温室、加温阳畦或较温暖的室内进行，在避光条件下把切块分级催芽。芽床适宜温度15～20℃，低于10℃易烂种，高于25℃出芽虽快但芽子徒长、细弱。苗床土最好用高锰酸钾或硫酸链霉素溶液消毒杀菌，床土湿度以手握成团、落地散碎为宜。块茎切块后，按1：1的比例与湿润的细沙（或土）混合掺均匀，然后摊开，呈宽100厘米、厚25～30厘米，上面及四周覆盖湿润的细沙6～7厘米厚。另一种方法是将湿润的沙摊开呈宽100厘米、厚6厘米，然后摊放一层马铃薯切块，盖一层沙，依次一层切块一层沙，可摊放3～4层，然后上面及四周覆盖湿润的细沙6～7厘米厚。温度保持15～18℃，不低于12℃，不超过20℃，待芽长至3厘米左右时，将切块扒出即可播种。如播种面积大，切块催芽量多，可将切块装入篓内叠放2～3层，催芽前3天温度保持5～6℃，使伤口愈合，然后将温度升至15～18℃，篓的四周及上面用湿润的麻袋或草苫盖严，待芽长出后即可播种。

3. 培育壮芽 当薯块芽长至1.5～2厘米时，将其取出移至温度为10～15℃、有散射光的室内或冬暖大棚内摊晾炼芽，直到幼芽变绿，一般需3～5天。二季作区秋季繁殖的种薯进行早熟拱棚栽培时，需采用赤霉素浸种催芽，切块的用0.3～0.5毫克/升赤霉素溶液浸种30分钟，整薯的用5毫克/升赤霉素溶液浸种5分钟。

（四）合理密植

中原地区春季拱棚马铃薯，采用双行高垄种植，垄距80厘米，每垄2行，株距20～25厘米。为便于管理，棚与棚之间留出 40～50 厘米的走道。

（五）适时播种

当气温稳定在 3℃以上、10 厘米地温稳定在 0℃以上时即可播种，一般在 11 月下旬至翌年 2 月中旬。选择无大风、无寒流的晴天上午 9 时至下午 4 时播种，开 1 个宽沟或 2 个小沟，用桶溜水后调角播种，2 行间距 15～20 厘米，播后盖土起垄，垄顶至薯块土层厚 15～18 厘米，用钉耙搂平。下种时隔穴施肥，一般每亩用硫酸钾复合肥 70～100 千克、尿素 10 千克，有条件的可增施硼肥 0.5 千克、锌肥 1 千克。播后，每亩用乙草胺 60～80 毫升兑水 750 升均匀喷洒垄面，然后用宽 90 厘米的地膜覆盖。为防止匍匐茎过长致使结薯晚，可在出苗后及时撤除地膜，然后扣棚膜，一般以 5 垄为一小棚，2 个小拱棚上再搭 1 个大拱棚。小拱棚选用 4 米宽、0.008 毫米厚的农膜覆盖。棚内生长期间不便覆土，可采用一次起垄覆土方式。

（六）田间管理

1. 破膜放苗　定植后 10～15 天薯苗破土顶膜时人工破膜，破膜后用土盖严周围，确保膜下土壤温度，确保苗全苗壮。

2. 及时通风　马铃薯光合作用必须有充足的二氧化碳，拱棚马铃薯出苗后不通风，二氧化碳供应不足，影响光合作用，植株生长不良，叶片发黄，因此需要及时通风。幼苗时期，由棚的侧面通风，防止冷风直接吹到幼苗，以减少通风口对植株的伤害。拱棚马铃薯栽培还有顺风和逆风两种通风方式，前期气温低，一般顺风通风，即在上风头封闭，下风头开通风口；后期温度回升，一般采用双向通风，即上风头和下风头均通风，使空气能够对流，利于降低棚温。另外，还要轮换通风，锻炼植株逐渐适应外部环境的能力，以便气温高时将膜全部揭掉。

3. 温光调节　生长期要严密监视温度变化，及时通风换气。

生育前期可在中午开小口通风排除有害气体。3月下旬当气温达到 20℃时，每天上午 9 时即开始打开棚的两端通风，或在棚中端揭开风口，白天棚温控制在 22～28℃、夜间 12～14℃，下午 3 时左右关闭通风口；进入 4 月份可视气温情况由半揭棚膜到全揭棚膜，由白天揭晚上盖到撤棚。到终霜期视天气状况及时撤棚，此时平时气温已达 17℃，最高 25℃，是马铃薯生长的最佳时期。撤棚前最好浇 1 次透水，等温度上来后撤棚。影响棚内光照的主要因素是棚膜上水滴对光的反射和吸收，水滴多影响光的投射，因此生育期间可经常用竹竿振荡棚膜，使膜上水滴落地，以增加膜的透光性。生产中最好选用无滴膜，生育期间要经常用软布擦棚面上的灰尘，以保证最大采光。

4. 防止低温冷害　拱棚马铃薯播种期比露地早 30 天左右，早春气温变化大，应随时注意天气变化，气温在 2～5℃，马铃薯不会受冻害，但降到 −2～−1℃，则受冻害，应及时采取防冻措施。浇水可减少低温冷害影响，对短期的 −3～−2℃低温防冻效果较好，或夜晚棚外加盖草苫等覆盖物进行保温。马铃薯受冻害后应及时浇水并控制棚温过高，棚温上升至 15℃时及时通风，不宜超过 25℃。冻害严重的及时喷施赤霉素溶液可恢复生长。

5. 肥水管理　拱棚内不方便追肥，应在播前一次施足基肥。拆棚后喷 1～2 次 0.2% 磷酸二氢钾溶液。由于拱棚升温快，土壤水分蒸发量大，一般要求足墒播种。出苗前不浇水，如干旱需要浇水时要避免大水漫垄。出苗后及时浇水助长，以后根据土壤墒情适时浇水，保持土壤见湿见干，田间不能出现干旱现象。生育后期不能过于干旱，否则浇水后易形成裂薯。苗高 15～20 厘米时开始喷施叶面肥，整个生长期内喷 3 次叶面肥，一般在浇水前 2 天喷施。浇水应在晴天中午进行，尽量避开雨天，防止棚内湿度过大而导致晚疫病发生。

6. 中耕培土　棚拱棚栽马铃薯一般无需中耕除草和培土，

因播种过浅或覆土太薄出现薯块裸露或土壤有较大裂缝时应及时培土，防止发生青皮薯。

7. 适时收获，提早上市　一般出苗后80天左右进入收获期，收获前5～7天停止浇水，以便提高马铃薯表皮的光洁度。收获时大小薯分开放，操作时注意防止脱皮、碰伤和机械创伤，以保证产品质量。

五、马铃薯稻田覆草免耕栽培

稻田免耕覆草栽培技术简称马铃薯免耕栽培技术，是根据马铃薯在温度湿度适宜条件下，只要将植株基部遮光就能结薯的原理，在晚稻等前作收获后，未经翻耕犁耙，直接开沟成畦，将种薯摆放在畦面上，用稻草等全程覆盖，适当施肥与管理，收获时将稻草扒开，在地上捡薯的一项轻型高产栽培技术。

（一）马铃薯免耕栽培技术的优越性

马铃薯稻田覆草栽培，收获时稻草已腐烂，同时马铃薯残株翻耕还田作水稻基肥，增加了土壤有机质，改善了土壤结构，培肥了地力，同时减少了化肥用量，有利于保护农业生态环境；免耕种植只需开沟做厢，将厢面稍作平整后将种薯直接摆放在厢面上，盖上稻草即可。马铃薯生育期间不需中耕除草和培土，收获时改挖薯为捡薯，只需移开覆盖的稻草就能采收，显著降低了劳动强度；稻草覆盖可明显调节土壤温度，有利于促进块茎生长，并能减少土壤水分的表面蒸发和雨水对土壤肥力的淋失，提高土壤保水保肥的能力，促进植株健康生长；采用稻田免耕种植马铃薯，实行水旱轮作，减少种薯与土壤的接触，降低了土壤带菌传染的机会，也可以减少病虫害发生概率。同时，稻草全程覆盖能有效地抑制杂草的生长，稻田内长出的小草和稻茬不影响马铃薯的生长，若杂草较多也可人工拔出，不需使用除草剂，从而减少农药的使用量，降低生产成本，确保产品食用安全卫生；免耕种植马铃薯收获时不伤块茎，块茎整齐，薯形完整，薯皮光滑，块茎鲜嫩，病害轻，破损率低，商品性好，提高了马铃薯的商品品质和贮藏性。

（二）马铃薯免耕栽培技术要点

1. 选地整地　选择土壤肥力中等以上、排灌方便的沙壤土，晚稻收获前不浇水，收割时留茬不宜过高、以齐泥留桩为宜。播前分厢开沟，沟宽 30 厘米，沟深 15 厘米，挖好排灌沟。挖排灌沟时，部分沟土用于填平厢面低洼处，将厢面整成龟背形，以利淋水、爽土和防渍；其余的沟土在施肥播种后用来覆盖种薯和肥料，或在覆盖稻草后均匀地撒于厢面。采用宽厢种植的厢宽 130～150 厘米，每厢播种 4～5 行，宽窄行种植，中间为宽行，大行距 30～35 厘米；两边为窄行，小行距 20～25 厘米，株距均为 20～25 厘米，厢边各留 20 厘米。按品字形摆种薯，每亩种植 6 000～7 000 株。窄厢种植的厢宽 70 厘米，每厢播种 2 行，行距 30 厘米，株距 20～25 厘米，厢边各留 20 厘米，按品字形摆放种薯，每亩种植 5 000～6 500 株。

2. 品种选择及种薯处理　品种选择要根据当地气候条件和市场需求，应选择生育期适中，适销对路的高产、优质、抗病、休眠期已过的优质脱毒种薯。在播前 15～20 天按每亩 150～200 千克备足种薯，种薯用 0.3～0.5％甲醛溶液浸泡 20～30 分钟，取出用塑料袋或密闭容器密封 6 小时，或用 0.5％硫酸铜溶液浸泡 2 小时。然后催芽，芽长至 0.5～1 厘米时在散射光下炼芽，待芽变成紫色后即可播种。

3. 适时播种　马铃薯覆草免耕栽培主要是秋播或冬播，因此有霜冻的地方要通过调整播种期避开霜冻危害。一般秋播于 9 月中下旬进行，冬播于 12 月中下旬进行。播种时将种薯直接摆放在畦面上，芽眼向下或向上，切口朝下与土壤接触，可稍微用力向下压一下，也可盖一些细土。播后每亩用灰肥拌腐熟猪粪1500千克盖种，再在畦面上撒些复合肥，然后覆盖稻草厚8～10厘米。稻草与畦面垂直，按草尖对草尖的方式均匀覆盖整个畦平，随手放下即可，不压紧、不提松、不留空隙，要盖到畦边两侧，每亩需1300米³左右的稻草。稻草覆盖后进行清沟，用沟中清理出的灰土在稻草上压若干个点，有保护覆盖物和防止种薯外露的作用，但压泥不能过多。播后若遇天旱，需用水浇淋稻草保湿；如遇大风要用树枝压住稻草，防止被风吹走。稻草不足时可用甘蔗叶、玉米秆、木薯皮等覆盖或加盖黑色地膜。

冬种春收的马铃薯采用稻草包芯＋菇渣（土杂肥）＋培土栽培技术，可创造通透性良好的土壤环境，有利块茎和根系生长，促进多结薯、结大薯，提高产量和商品性。

4. 田间管理 出苗后适时破膜放苗，防止膜内温度过高而引起烧苗。破口不宜过大，放苗后立即用湿泥封实破口，防止冷空气进入，降低膜内温度，或遇大风引起掀膜。及时清理排灌沟，将清出来的沟土压在稻草上。如果稻草交错缠绕而出现卡苗，应进行人工引苗。

利用稻草覆盖种植马铃薯生长前期必须保证充足的水分，整个生长期土壤相对含水量应保持60%～80%。以湿润灌溉为主，一般出苗前不宜灌溉，块茎形成期及时适量浇水，应小水顺畦沟灌，使之慢慢渗入畦内。不能用大水浸灌，注意及时排水落干，避免水泡种薯。在多雨季或低洼处，应注意防涝，严防积水，收获前7～10天停止灌水。生长前期可施1～2次肥，生长中后期脱肥的可每亩用磷酸二氢钾150克或尿素250克兑清水50升叶面喷洒，连喷2～3次。在施足基肥的情况下，展叶起每10天用0.1%硫酸锰＋0.3%磷酸二氢钾＋三十烷醇100倍液混合肥液叶面喷施1次，连喷3～5次，能显著提高产量。

覆草栽培，因根系入土浅，薯块也长在地表，无附着力，极易发生倒伏，中后期要注意严格控制氮肥的施用量，防止地上部生长过旺。也可在马铃薯进入盛薯期时每亩用 15% 多效唑可湿性粉剂 50 克兑水 60～70 升叶面喷施，以控上促下，促进块茎膨大。如果有花蕾要及时掐去。

在生长期间出现霜冻，可采用以下措施预防：在霜冻到来前的 1～2 天，放水进沟，保持土壤湿润；用草木灰撒施叶面或用稻草、草帘、席子、麻袋、塑料布等遮盖物覆盖；用秸秆、谷壳、树叶、杂草等作燃料，在上风头堆火烟熏，每亩设烟堆 3～5 个，慢慢熏烧，使地面上笼罩一层烟雾；施用抗冻剂或复合生物菌肥，可起到一定的预防作用；霜冻发生后的早上在太阳出来前及时淋水或人工去除叶面上的冰块，减轻霜冻危害。

一般在 5 月份，当马铃薯叶呈黄色、匍匐茎与块茎容易脱落、块茎表皮韧性大、皮层厚、色泽正常时即可采收。稻草覆盖栽培，70% 的薯块生长在地面上，收获时，掀开稻草捡薯即可，入土的块茎可用木棍或竹签挖出来。可先收大薯，把小薯留下用稻草盖起来，让其继续生长，长大后再收获。收获后稍微晾晒即可装筐运走，避免雨淋和日光暴晒，以免块茎腐烂和变绿，确保产品质量。

六、马铃薯育苗移栽技术

（一）马铃薯育苗移栽的优势

第一，提高复种指数，充分利用土地，增加总产量。采用育苗移栽提前育苗，上一茬作物收获后立刻移栽定植，可较好解决马铃薯轮作种植区由于地理或气候环境导致的产量低或生育期短无法种植等问题，在保证马铃薯产量的同时，提高复种指数，增加总产量。

第二，节省种薯，降低种植成本。采用切块育苗移栽可使种薯繁殖系数由几倍增加到几十倍，比薯块直播至少可节省 50%

的用种量，可降低种植成本。

第三，合理密植，提高肥水及光能利用率。马铃薯常规种植常发生缺苗、簇生等现象，育苗移栽能合理控制田间群体密度，提高光能和肥水利用率，提高单株产量和商品率。

第四，采用集约化育苗，既节约肥水，又便于防治病虫害。

第五，苗期规避自然灾害，减少种植风险。育苗移栽在设施内育苗，育苗期间可人为控制育苗温度、湿度及光照情况，减少出苗期因干旱、低温冻害、降雨等导致出苗率低而减产的可能性，同时缩短出苗时间、提前播种期。

第六，提早收获上市，提高经济效益。应用育苗移栽种植马铃薯，缩短了田间生育期，可提前上市，增加效益。

第七，减缓种薯退化，高速繁殖优种。原原种等级别的种薯采用育苗移栽技术，可缩短马铃薯生育期，提高繁殖速度，减轻病害发生与蔓延，提高种薯质量，同时在一定程度上减缓了种薯的退化速度。

（二）马铃薯育苗移栽技术要点

1. 实生种子育苗移栽技术 即采用实生种子进行育苗移栽。马铃薯实生种子播种到准备好的苗床上，然后覆盖地膜保温保湿，待苗长到6～7片真叶时移栽。此技术具有用种量小、成本低、运输方便、杂种优势强等特点，目前主要用于育种，商品薯生产很少应用。

2. 整薯育苗掰苗移栽技术 即种薯消毒处理后平摆在育苗床上，然后覆土育苗，待苗长至10厘米左右时掰苗移栽。此法具有抗冻抗寒、早熟高产、节约种薯等特点，目前已在山西、云南、黑龙江、浙江、河北和河南等地进行春作试验示范。

3. 掰芽育苗移栽技术 即将马铃薯种薯平铺在苗床上，简单盖土、盖草和盖膜进行保温育芽，芽长2～4厘米时掰芽，再用营养杯育苗，待苗长至大小合适时移栽到大田里。芦雪青、郭冬花报道，青海省民和县在马铃薯掰苗时，先用铲子轻轻从底层翻动，然后小心提起母薯，将苗从母薯上轻轻连根一起掰下；若苗长有权，可分成单株，每株必须带根。掰下的苗放在盆里，随时遮阴防晒，或用湿纱布覆盖，保持小苗新鲜。未出土的黄芽不能掰，把这类种薯集中起来，播种在一起，重新浇水、覆膜，保持土壤湿润，这样，可以多次掰苗，值得注意的是芽尖不能露出土面。一般在掰薯后 4～5 天、出苗率达 20% 时，施肥提苗，促进苗壮苗齐。

4. 切块育苗移栽技术 即将种薯切成具有 1～2 个芽眼的小块，用育苗杯或育苗床进行育苗，待苗长到高 10 厘米左右时移到大田。切块育苗移栽培育的幼苗健壮，成苗率高，同时缩短马铃薯生育期可提早上市，还可减轻病害发生和蔓延，产量高，经济效益好。

5. 育芽带薯移栽技术 此法是湖北省恩施市农民在生产实践中总结出来的一项实用技术，比传统直播增产，主要是充分发挥了顶芽优势。

七、马铃薯抱窝栽培技术

马铃薯抱窝栽培，是利用其胚芽在土壤中可能转化成匍匐茎而膨大结薯的特性，采用小整薯育苗移栽或培育大芽直播，深栽种浅盖土，出苗后及时浇水，多次培土，适时晚收获。这种栽培方法增加了马铃薯的结薯层次，使匍匐茎及块茎数目增多，大中薯率提高，比一般切块直播产量增加 1 倍以上。此法需要精细管理和较高的栽培技术，适合人多地少的地区应用。

（一）精选种薯

充分发挥品种的多样性，选用增产潜力大、退化轻、生活力旺盛、健康的中晚熟高产种薯，春薯秋薯均可用，种薯重 50～

100 克，最好用脱毒种薯。采用抱窝栽培，提前培育短壮芽或育大苗，播后在短期内满足生长发育需求，发挥丰产潜力，以获得高产。

（二）培育壮芽

种薯收获并精选后立即放阴凉通风室内，下垫木板或秸秆，种薯可铺 2～3 层，经常翻动，接受散射光，育芽初期（8～9 月份）室温保持 20℃左右。种薯较少时，可在出芽后选留上部壮芽 3～4 个，其余用小刀挖掉，使养分集中供应顶端壮芽，充分发挥顶端优势，培育冬前短壮芽。适期早播，在日照较短、温度较低条件下，有利于地下茎节较多地分化形成匍匐茎。由于冬前芽培育的时间较长，工序复杂，可改进简化成早春培育短芽壮薯即早春芽，方法是在早春播前 2 个月左右取出种薯，先在约 15℃条件下捂出小芽，出芽后再进行散光照射，使种薯受光均匀，发芽整齐，使所有种薯都能催生短壮芽。短壮芽早期分化根点，播种后接触到湿润的土壤，会很快地发育成根系。壮苗节间短而节多，经过多次培土，能够形成较多的匍匐茎，达到多层结薯的目的。在城市郊区的薯地可以利用苗床（冷床）培育出带有根系的白色大芽，提早移栽，也可获得与短壮芽直播抱窝相似的效果。方法是先将整薯育出小芽或培育成短壮芽，在移栽前 15～20 天，将苗床土与有机肥拌均匀，踩平床面，浇透底水，水渗后摆一层种薯，芽朝上、露土 3 厘米左右，然后苗床覆盖棚膜，夜间加盖草帘防寒，白天床温保持 15℃左右。育苗中后期，根据天气变化，揭膜调节床温，最高温度不超过 25℃。细芽刚拱出土未露出土面时，小心地扒出种薯，避免伤根，带芽移栽露地。也可在冬前选择背风向阳处挖苗床，床面盖地膜烤床，提高土温。定植前 20～30 天开始育苗，将已有短壮芽的整薯芽朝上立摆于苗床。摆薯时，要求上齐下不齐，使幼苗生长一致，薯间距 4～5 厘米，四周填土后，覆土厚 3 厘米左右，埋过壮芽。幼芽出土后白天注意通风，防止徒长，培养矮壮健苗，苗高 6～9 厘米、有 5～6 片绿色小叶为好。定植前 7 天左右，撤膜炼苗，为提早定植做准备。

（三）适时早播种

抱窝栽培由于提前培育短壮芽或育大苗或育出短壮苗，应早播或移栽，以增加生育日数，获得高产。适时早播有两种情况：育苗移栽，应在当地晚霜过后进行；播种有短壮芽的种薯，应在幼苗出土后不致遭受晚霜危害的前提下尽量早播。合理定植，充分发挥单株增产潜力，协调个体与群体生长，达到群体高产。一般中熟品种每亩栽 4 000～5 000 株。

（四）深栽浅播

定植前 7 天左右在垄上开深 13～17 厘米的沟晒土，提高地温。栽植时勿伤根、伤芽、伤苗，最好有底水，以保证育苗移栽和大芽移栽的成活率。覆土厚度 3 厘米左右，切忌大水漫灌和覆土太厚。抱窝马铃薯由于早播早栽，必须加强管理，早春地温较低，出苗后要及时中耕疏松土壤，以提高地温，促使壮苗。

（五）多次培土

马铃薯植株每个胚芽都有两重性，地上茎的胚芽在光照条件下长成茎叶，地下茎的胚芽则在土中遮光条件下发育成匍匐茎，尖端膨大后形成块茎。地下茎节一般有 4～5 个，匍匐茎有 10 个左右，最多达 30 个以上。栽植后需多次培土，植株开始生长时结合中耕进行第一次培土，厚约 3 厘米；隔 7～15 天进行第二次培土，厚 6 厘米左右；再隔 7～15 天进行第三次培土，厚 10 厘米左右。培土时如土壤干旱，应先浇水后培土，使垄内有适当湿度，以促进匍匐茎的形成。在封垄前必须完成最后一次培土。抱窝栽培具顶端优势，播后发育成较多的主茎，每根主茎的地下茎节均可能形成较多的匍匐茎而结薯，一般每株有 3～4 个主茎，可结薯 20～30 个，最多可达 100 个以上。抱窝栽培因多次培土，既能保持稳定而较低的土壤温度和适宜的土壤湿度，满足下层块茎膨大的需要，又可随短壮芽逐渐伸长而相应地给予分次培土，促进地下茎节产生较多的匍匐茎，增加结薯层，形成层层上升结薯成"窝"。

（六）及时浇水

马铃薯茎叶含水量为 85% 以上，块茎含水量为 75% 以上，任何生育阶段缺水都会影响产量，特别是块茎膨大期保证水分供给可成倍增产，因此生产中应及时浇水。收获前 10 天停止浇水，以利薯皮木栓化和收获。抱窝栽培应适当晚收。

八、脱毒种薯栽培技术

（一）脱毒原原种繁殖生产

马铃薯脱毒原原种生产，目前最经济有效、速度最快的方法是用脱毒苗在温（网）室中切段扦插繁殖。利用 20 瓶（100 株苗）脱毒苗移栽到温（网）室作母株基础苗进行切段扦插，每 25～30 天切段繁殖 1 次，幼苗 7～8 节时按每 2 节为 1 段剪下扦插，基部苗 1 节 1 叶或 2 节 2 叶，使基础母株继续生长，母株剪 2 次后、60 天左右即可收获种薯。按每株平均剪 3 个节段，在二季作地区一般从 9 月中旬开始扦插，至翌年 5 月中旬，每个脱毒苗可连续繁殖 8 次，100 株基础母株可繁殖 1 368 300 株。按每株结 2 个小薯计算，可生产出小薯（原原种）2 736 600 个，每亩种植原种 10 000 株，可播种 273 亩，每亩产量按 1 500 千克计算，可生产原种 408 500 千克。切段扦插时把顶部茎段和其他茎段分开，分别放入生根剂溶液浸泡 15 分钟后扦插；也可用 100 毫克/

升萘乙酸溶液浸泡，扦插时把顶部和其他节段分别扦插于不同的箱内。这是因为顶端生长快，其他节段生长慢，混在一起扦插幼苗生长不一致。扦插用 1：1 的草炭和蛭石作基质，加入营养液，扦插前将基质浇湿，切段的 1 节插入基质中 1 节向上露出，每平方米扦插 700～800 株，扦插后轻压苗基，以水滴浇后用塑料薄膜覆盖保湿，温度不超过 25℃。剪苗后施营养肥，促进生长。扦插苗成活后揭膜。

脱毒微型薯生产的另一种方法是雾化快繁。雾化栽培是利用喷雾设备及控时装置，把配好的营养液定时供给作物根系吸收利用的栽培方式。其生产整体框架包括玻璃温室、计算机、营养池、结薯箱、雾化管道和喷头、通风设备及避蚜纱网等。将脱毒苗定植到结薯箱上，通过动力吸取营养液并利用喷雾设备雾化，在计算机的控制下定时供给薯苗。这种方法生产出来的微型薯，薯形好，品质优，每株结薯 15～20 个，而且还能人为地控制种薯大小，可随时采摘。

（二）脱毒薯原种繁殖生产

原原种生产成本高，数量有限，尚不能用于生产，需进一步用原原种生产一级、二级原种。生产原种要求在隔离条件好的地方或者人为隔离的条件下，选择前茬为非茄科或块根类植物、周围 500 米无马铃薯生产、土地平整、排灌方便、土层深厚肥沃的轻质土壤地块，同时要求周围蚜虫寄主无或少。播种前视土壤墒情浇水，深翻 25～30 厘米，精细整地，将土块破碎，然后做畦。沙性大、降水少、不积水的地块可做平畦，否则应起垄栽培。

春季采用阳畦高密度繁殖原种，1 月底至 2 月初播种，播后覆盖塑料薄膜，3 月底至 4 月初揭膜，覆盖尼龙网纱，4 月底至 5 月份收获。阳畦繁殖原种，在冷凉季节生产，躲避蚜虫迁飞危害，种薯质量高。收获的原种秋播时，块茎已通过休眠期，可以自然发芽，不需再浸种催芽。秋播应推迟播期，较正常播种晚

10～15 天，可在 8 月底播种。

（三）脱毒种薯繁育技术

原原种及原种数量有限，需要用其扩大繁殖生产优良种薯，以满足大田生产用种。在远离脱毒中心和脱毒种薯生产基地的地方，可建立脱毒种薯繁殖田，按每公顷繁殖田可供 10 公顷大田用种的标准计算繁种面积，用从邻近脱毒中心购买的种薯作繁殖材料进行繁殖，经种子质量有关部门和植物检疫站人员检验合格，收获的块茎可作种薯使用。特别是二季作区脱毒春薯良种繁育，按照"马铃薯避蚜留种"的机理，切断或避开马铃薯病毒传毒源，争取在传毒蚜迁飞前收获，以保证脱毒种薯质量。

来自一级原种或二级原种繁殖的为良种，良种可分为两级，用一级或二级原种生产繁殖的为一级良种，用一级良种生产繁殖的为二级良种。良种用作商品薯生产，不能留种。脱毒种薯比未脱毒的可增产 30%～50%。脱毒种薯在种植过程中仍会被病毒侵染，逐渐退化，在发现大量病毒性退化植株时，要及时更换种薯。

九、马铃薯机械化栽培

随着马铃薯产业化结构调整，我国各地种植面积逐年扩大，有利于实现机械化生产。马铃薯机械化栽培，能够降低劳动强度和降低成本，提高单产水平和经济效益，是今后马铃薯种植的发展方向和现实产业化的必由之路。

（一）农机及种植模式

马铃薯机械化作业，南方地区因多丘陵山地，制约了机械化程度发展和作业的实践，目前尚处起步阶段。春播马铃薯在前作收获后于播前先深耕，再浅耕，也可两者同步进行，将大田整细耙平。在北方，春季播种的土壤墒情大多是靠上年秋耕前后储蓄的水分和冬季积雪融化形成的，因此秋季整地要一次完成，翌年春季只需要开沟播种。马铃薯机械化播种是一项集开沟、施肥、做畦、播种、施除草剂、覆膜等作业于一体的综合方式，需要高效的机具，耕后地表平整，地头整齐，中间不允许出现停车或倒退，避免重播、漏播。目前，我国开发的马铃薯播种机主要由2CM-1/2大垄双行种植机、2BCMX-2型播种机和2CM F系列种植机。

2CM F-2B型马铃薯种植机是被18千瓦以上的拖拉机牵引，后悬挂配套的宽、窄双行种植机，主要由机架、播种施肥装置、开沟器、驱动地轮、起垄犁等部件组成，行距、株距可调。播种作业时，先由种植机的开沟犁开出沟施肥，再由地轮驱动链条碗式播种机构将种薯从种箱中定量播到沟里，最后由起垄犁培土起垄，完成播种作业。

马铃薯机械化栽培逐步形成了以机械化整地、机械化种植与田间管理、机械化收获技术为核心，以中小型拖拉机和配套种植收获机械为主体的马铃薯机械化种植收获模式，主要有平畦栽培模式和垄作模式。操作步骤：

撒施农家肥→机械翻耕→机械做畦（起垄）→施肥播种→中耕培土→田间管理→机械化收获→贮藏

（二）选择优良品种及种薯处理

选择块茎大、口感好、抗病强、产量高的优良品种，挑出龟裂、不规则、畸形、烂病、芽眼突出、皮色暗淡、薯皮老化粗糙的种薯。播前7～10天，将种薯置于向阳背风处晒种。通常在发生晚霜前的30天开始播种，即日平均气温超过5℃或10厘米地温达7℃时为合适播期，使出苗期避过晚霜危害。播前进行选薯、切薯块、薯种消毒、催芽。

（三）整地施肥

选择地势平坦、地块面积大、便于机械化作业及前茬作物为小麦、油菜等禾谷类作物的地块。马铃薯是高产喜肥作物，对肥料反应非常敏感，整个生育期需钾肥最多，氮肥次之，磷肥最少。生产中应以腐熟有机肥和草木灰等基肥为主，一般每亩施腐熟有机肥 5 000 千克、尿素 50 千克、硫酸钾 20 千克。采用平畦模式时，选择没有经过耕翻的地块；采用垄作模式时，要结合施有机肥机械耕翻 1 次，耕深为 20 厘米。

（四）播 种

北方地区通常在晚霜前约 30 天开始播种，即日平均气温通过 5℃或 10 厘米地温达 7℃，一般在 4 月中下旬至 5 月初开始播种。采用垄作模式时，垄播机覆土圆盘开沟器深度、开度要调整正确，确保垄形高而丰满，播种深度为 10～12 厘米，种薯在垄的两侧，行距 60 厘米，通过更换中间传动链轮调整株距，一般为 15～20 厘米，可选用北京产 2MDB-A 型马铃薯垄播播种机；平畦模式的播种深度为 13～15 厘米，通过调整开沟犁、覆土犁在支架上的前后位置来调整株行距，株行距一般为 25 厘米× 50 厘米，选用内蒙古产 2MBS-1 型犁用平播播种机。

机械作业，要求播种时土壤相对湿度为 65%～70%。土壤过湿易出现机具黏土、压实土壤、种薯腐烂等问题；土壤过干不利于种薯出苗和生长。播种前按照农艺要求，对播种机的株距、行距、排肥量进行反复调试，达到适应垄距、定量施肥和播种的目的。垄形要高而丰满，两边覆土要均匀整齐，土壤要细碎疏松，以利于根茎延伸，提高地温。以垄下宽 70 厘米、垄上宽 50 厘米、垄高 10 厘米为宜，要求土壤含水量为 18%～20%。播行要直，下种要均匀，深度要一致，播种深度以 9～12 厘米为宜，种薯在垄上侧偏 3 厘米左右。以单块或单薯点种，避免漏播或重播，重播率小于5%，漏播率小于3%，株距误差3厘米左右。在播种的同时将化肥分层深施于种薯下方6～8厘米处，让根系长在肥料带上，以充分发挥肥效。马铃薯种植机一次完成的工序较多，为保证作业质量，机具行走要慢一点，开一挡慢行。严禁地轮倒转，地头转弯时必须将机器升起，严禁石块、金属、农具等异物进入种箱和肥箱。随时观察起垄、输种、输肥及机具运行状况是否正常，发现问题及时排除。马铃薯种植机常见故障：一是出现链条跳齿时，应调整使两链轮在一条直线上，并清除异物；二是出现地轮空转不驱动时，应适量加重，调整深松犁深度；三是出现薯种漏播断条时，应控制种薯的直径，提升链条使之不能过松；四是出现种碗摩擦壳体时，应调整两脚的调节丝杆使皮带位于中心位置；五是出现起垄过宽时，应调整复土犁铲的间距和角度。

（五）田间管理

发现缺苗要及时从临穴里掰出多余的苗进行扦插补苗。扦插最好在傍晚或阴天进行，然后浇水。苗齐后及时中耕除草和培土，促进根系发育，同时便于机械收获。当植株长到20厘米高时进行第一次中耕培土，同时每亩追施碳酸氢铵30千克。现蕾时视情况进行第二次中耕培土，垄高保持在22厘米左右，现蕾开花期叶面喷施0.3%磷酸二氢钾溶液。块茎膨大期需水量较大，若干旱应及时浇水。注意及时防治马铃薯晚疫病、黑胫病、坏腐病和早疫病等病害。一旦发生要及时拔出病株深埋并及时喷药，减少病害的蔓延。

（六）适时收获

当植株大部分茎叶干枯、块茎停止膨大且易与植株脱离、土壤含水量在20%左右时进行田间收获作业，可选用4UM–550D型马铃薯挖掘收获机。挖掘前7天割秧，尽可能实现秸秆还田，培肥地力。留茬 5～10 厘米，块茎在土中后熟，使表皮木栓化，收获时不易破皮。为加快收获进度，提高工作效率，一般要求集中连片地块统一收获作业。挖 1 行，相隔 1 行捡拾 1 行，避免出现漏挖、重挖现象，挖掘深度在 20 厘米以上。采用机械采收，一般收获薯率 ≥ 98%，埋薯率 ≤ 2%，损失率 ≤ 1.5%。

第五章
马铃薯贮藏保鲜技术

一、马铃薯采后变化

（一）未栓化现象

马铃薯块茎的皮层比较薄，收获时容易造成机械损伤，贮藏期间容易受病原微生物的侵染而致病。新收获的马铃薯尚处在后熟阶段，呼吸旺盛，会产生大量二氧化碳，并释放出热量。同时，水分散失，重量减轻，在此期间薯块的机械伤口会逐渐木栓化，条件适宜时 5～7 天即可形成致密的木栓质保护层。保护层能阻隔氧气进入块茎，还可控制水分散失及各种病原微生物的侵入。保护层形成要求温度在 15～20℃、空气相对湿度在 85%～95%、有足够的氧气、漫射光或昏暗光条件，形成木栓化保护层后，可在 0～5℃条件下进行贮藏。

（二）休眠现象

马铃薯采后贮藏期间有一个较长的休眠期，可分为 3 个阶段：第一阶段即休眠初期阶段，是指从收获到表皮老化和伤口完全愈合的一段时间，一般 20～30 天。这一时期，马铃薯呼吸强度大，水分散失多，但随着表皮组织的木栓化，机械损伤完全愈合，水分散失减少。第二阶段即生理休眠阶段，一般 60～90 天，在此期间，即使环境条件适宜，马铃薯也不易发芽，而且呼吸作用减弱，是安全贮藏的最佳时期。第三阶段即强迫休眠阶段，马铃薯在通过生理休眠期后，如果遇到适宜的条件就会发芽，如果环境条件不适，则仍处于休眠状态。一般讲，早熟品种休眠期比晚熟品种长，未充分成熟的薯块比充分成熟的薯块长，秋播的比春播的长。贮藏环境中适当的低温、低湿和较高的二氧化碳气体浓度，可以延长休眠，而高温高湿则会打破休眠。

（三）马铃薯变绿现象

马铃薯在贮藏期间，漫射光照对块茎的重量损耗不发生显著影响，但能促使马铃薯内淀粉转化为叶绿体，叶绿体产生叶绿素使茎块呈现绿色。绿变的马铃薯不仅外观不良，而且伴有有毒物质糖苷生物碱的生成，带来食用安全风险，变绿马铃薯不适宜食用。

超低氧贮藏保鲜是指将贮藏环境中氧气的体积分数降至 2% 或更低程度的贮藏方式，是继气调贮藏后的又一个新技术。孟卫芹等人（2012）研究结果表明，马铃薯块茎经过超低氧 3～6 天处理，可明显抑制光照引起的马铃薯绿变，并可有效抑制其发芽和维生素 C 含量的下降，其中超低氧处理 6 天的抑制效果显著优于处理 3 天的，贮藏 12 天后马铃薯的绿变轻微，品质良好。

（四）物质转化现象

马铃薯在低温条件下贮藏，尤其在 0℃ 左右时，细胞中会积累很多糖分，其中蔗糖含量通常为 0.2%～7%，还有少量葡萄糖。温度为 20℃ 左右时薯块细胞中积累的蔗糖很快减少，这是因为此时呼吸作用增强，糖作为呼吸基质而被消耗。马铃薯块茎中淀粉会随着贮藏期的延长而逐渐降低，通过淀粉酶的作用转化为蔗糖，又进一步分解为葡萄糖和果糖。当薯块发芽时，一部分含氮物质会转化为有毒的并带有苦味的苷类物质。

（五）出汗现象

贮藏中的马铃薯常会发生出汗或称结露现象，即块茎表面出现微小的水滴，这种现象的发生主要是薯块与贮藏环境的温差造成的。如果薯块表面温度降到露点以下发生结露现象，则表明贮藏措施不当，应及时处理；否则薯块可能发芽、染病甚至腐烂。防止出汗的方法主要是保持温度稳定，同时可在马铃薯堆上覆盖草帘等吸湿材料并适时进行更换。

二、贮藏条件

马铃薯贮藏初期的 10～15 天为愈伤阶段，应保持 15～20℃的较高温度，形成木栓保护层后便可将温度降至 3～5℃进行贮藏。-2℃以下会发生冻害，0～1℃食味变甜，高于 5℃容易发生病害和发芽。供加工煎制薯片或油炸薯条的，应在温度为 10～13℃、空气相对湿度为 85%～95% 的条件贮藏，湿度过低，水分散失严重，薯块萎缩；湿度过大，则会加快发芽，引起病害而造成腐烂。通风可调节环境中的温湿度、排除二氧化碳等不良气体，保持正常呼吸，贮藏前期还有促进机械损伤愈合的作用。此外，通风还可使环境及薯块内各部分温湿度均匀，避免局部温湿度过高、过低和局部结露。马铃薯贮藏期间，漫射光能促进叶绿素以及苷类物质的形成，因此应避免光照。种用薯可适当透光，以增强对外界病菌的抵抗能力，抑制幼芽伸长。

马铃薯成熟时大部分茎叶由黄绿色转为黄色，连接块茎的匍匐茎枝叶已干枯脱节，薯块发硬，周皮坚韧，块茎切开时伤口分泌汁少而易干。马铃薯采收不宜过早，过早收获块茎未充分膨大，淀粉等物质含量低，不利贮藏，一般可适当晚收。用于贮藏的马铃薯，生长后期不能灌水过多。采收应择晴天进行。

三、贮藏前处理

（一）晾　晒

薯块收获后，可在田间就地稍加晾晒，散发部分水分，以便贮运。一般晾晒 4 小时，就能显著降低贮藏期发病率。晾晒时间过长，会失水萎蔫，不利于贮藏。

（二）预　贮

夏季收获的马铃薯，正值高温季节，收获后应将薯块堆放到阴凉通风的室内、窖内或荫棚下预贮。为便于通风散热和翻倒检查，预贮堆不宜高于 0.5 米、宽于 2 米，并在堆中放置通风管，以利通风降温。为避免阳光照射，可在薯堆上加覆盖物遮阴避光。

（三）挑　选

预贮后要进行挑选，剔除病虫危害、机械损伤、萎蔫、腐烂的薯块。挑选时要注意轻拿轻放。

（四）药剂处理

用化学药剂进行适当处理，既可抑制薯块发芽，还有一定的杀菌防腐作用。在马铃薯收获前 2～4 周内，用 0.2% 青鲜素溶液叶面喷洒，可抑制薯块贮藏期间发芽，若喷药后 48 小时（春作）至 72 小时（秋作）内遇雨应该补喷。

南方地区夏秋季收获的马铃薯，用 α- 萘乙酸甲酯或萘乙酸乙酯处理薯块可防止发芽，方法是取市售 98% 的上述药剂 150～250 克，溶于 300 毫升酒精或丙酮中，拌在 10～12 千克粉状细土中，然后均匀地撒在 5 000 千克薯堆上。北方地区冬季长期贮藏马铃薯，应在休眠中期处理，用药过晚则效果不佳。

（五）辐射处理

用 ^{60}Co γ 射线 2.06～5.16 库伦／千克照射薯块，有明显抑制马铃薯发芽的效果。据国际原子能机构统计，美国、日本及西欧的 16 个国家和地区，允许使用放射线抑制马铃薯发芽，允许使用的放射线源主要是 ^{60}Co γ 射线。

四、贮藏方式

（一）堆　藏

上海、南京、北京等地一般用筐装薯块，在室内码垛堆藏。北方地区有的直接将薯块堆放在室内、竹楼或楼板上，也有的用棕做成袋子将薯块装入，堆或挂在楼板上。这种方法简单易行，但难以控制发芽，如配合药物处理或辐射处理，则可提高贮藏效果。气候比较寒冷的地区，如东北地区，用堆藏法贮藏马铃薯也比较成功。如果进行大规模贮藏，可选用通风良好、场地干燥的仓库，入库前用甲醛和高锰酸钾混合液对仓库进行熏蒸消毒，将经过挑选和预处理的马铃薯，装入板条箱，每箱以 20 千克为好，装至离箱口 5 厘米处即可，以防压伤。入库时板条箱呈品字形排列为好，为提高空间利用率，也可在室内架藏和码箱。

堆藏马铃薯时，堆好后应立即用清洁干稻草（厚 60～100 厘米，依气候条件而定）覆盖，在稻草上面覆盖厚 5～10 厘米的泥土。泥土应在离堆边至少 160 厘米处挖取，一般在马铃薯温度降到约 6℃时立即覆盖泥土。覆盖用的泥土应是干燥的，没有石块和卵石。第二层泥土的厚度至少 25 厘米。冬天覆盖应一层稻草，一层塑料薄膜，最外面盖一层泥土。气候较温暖时，盖一层稻草和一层塑料薄膜即可。

贮藏期间，至少每隔 10 天检查 1 次堆的温度，使堆温保持

1～5℃，可在堆的两边用温度计测量，同时注意堵塞所有的缝隙和裂缝。冬天若室外温度降至 -20℃以下，可先用玉米秸、稻草、塑料薄膜等物覆盖，再盖一层泥土。

室外堆放马铃薯适宜的空气相对湿度为 85%～90%，若薯堆温度上升至 0℃以上，需要进行冷却和通风，可将覆盖的泥土部分或全部去除。若气温继续上升，应拆除马铃薯堆，并除去发生腐烂的部分。温度适宜时最好不要翻动马铃薯，因为泥土和稻草覆盖既能隔热也能御寒。

为了在气候干燥时进行局部通风和冷却，可在堆的纵向两面开 60～70 厘米宽的口，交替在不同方向每隔 3～5 米开 1 个孔。在保证没有霜冻危险的情况下，可在这些孔上松松地放上一层稻草。若没有霜冻危险，白天薯堆也可冷却到冰点以下，但不能低于 -2℃。

堆放条件适宜，马铃薯可保存 8 个月之久，如果贮存期间薯块变甜，可在出售以前在较高温度（大于 10℃）条件下贮存 8 天，以降低含糖量。

（二）窖　藏

西北地区土质黏重坚实，多用井窖或窑窖贮藏，这 2 种窖的贮藏量均可达 3 000～3 500 千克。由于只利用窖口通风调节温湿度，所以保温效果较好，但入窖初期不易降温，生产中应注意入窖前预冷。

辽宁北部和吉林、黑龙江等地多采用棚窖贮藏。窖内薯堆高度不宜超过 1.5 米，否则入窖初期不易降温，易萌芽腐烂。

窖藏马铃薯易在薯块堆表出汗，生产中可在严寒季节于薯块表面铺放草帘，转移出汗层，防止萌芽与腐烂。窖藏马铃薯入窖后一般不倒动，但在东北的南部地区因窖温较高、贮期较长，可酌情倒动 1～2 次，去除病烂薯块，防止病害蔓延。

马铃薯窖藏应注意的问题：一是在采收、运输、入窖时要尽量避免机械伤。二是入窖前应对薯块进行严格挑选，适当晾晒。三是对窖内进行消毒灭菌，入窖前晾窖 1 周，降低窖温并消除药物气味。四是窖内薯块不能装得太满，以便通风散热和检查。五是贮藏期间加强通风，温度尽可能保持 2～4℃，空气相对湿度保持在 90% 左右。六是对薯块进行检查，及时清除病薯、烂薯，防止病害蔓延烂窖。

（三）地沟埋藏

地沟东西走向，深 1 米左右，上口宽 1 米左右，底部稍窄，横断面呈倒梯形，长度可视贮量而定，两侧各挖一排水沟，让其充分干燥后放入薯块。下层薯块堆码厚度在 40 厘米左右，中间填 15～20 厘米厚的干沙土，上层薯块厚 30 厘米左右，最后用细沙土稍加覆盖。在距地面约 20 厘米处设一测温筒，插入 1 支温度表。当气温下降至 0℃以下时，分次加厚覆盖土使之呈屋脊形，覆土层总厚度应大于当地冻土层厚度，以免冷透，使沟温保持在 4℃左右。春季气温上升时，可用稻草、麦秆等不易传热的材料覆盖，以免地沟内温度急剧上升。

（四）通风库贮藏

城市菜站多用通风库贮藏马铃薯。薯块堆高不超过 2 米，堆内放置通风筒，注意加强前期降温。也可将马铃薯散堆于库中，堆高一般为 1.3～1.7 米，薯堆与天花板间留出 60～80 厘米的空间。每堆间距 2～3 米，在薯堆中放 1 个通风筒，以利通风散热。为加速排出薯堆中的热量和湿气，可在薯堆底部设通风道与通气筒连接，用鼓风机吹入冷风。也可装筐码垛，贮量大、通风好、有条件的还可在库内设专用木条隔装薯块，但成本较高。

贮藏初期马铃薯呼吸旺盛，气温也较高，因此要在早、晚气温低时通风，也可用排风扇通风，以利散热降温。过一段时间后马铃薯进入深度休眠期，就不必较多地通风了。贮藏后期，马铃薯将脱离休眠并开始萌发时，主要管理措施是创造适宜的低温条件或用药物处理迫使薯块延长休眠时间，达到抑制发芽的效果。方法是在收获后的 2 个月左右，将萘乙酸甲酯或乙酯 400～500 克用丙酮溶解，拌细土 15～20 千克，均匀撒入 1 万千克薯块中，然后覆盖闷闭。

马铃薯在较长时间堆藏后，中间和下层会有热量积累，温度高于上层。下层热气流上升并与上层冷空气相遇后，会在薯块表面凝成水珠即发汗。如发汗的水汽不能很快地消失，就会加速块茎变质。因此，加强通气使空气保持流畅，有利于水汽散发，可防止结露，抑制发芽，减少腐烂。

马铃薯入库后 15 天倒动检查 1 次，贮藏过程中需要倒动检查 2～3 次，如发现有腐烂变质的，应随时倒动检查并剔除。立春后气温逐渐上升，要进行倒堆，挑出烂薯及发芽的块茎。

（五）冷　藏

有冷库条件的地方，可将薯块装筐或木条箱中，先在 3℃ 预冷间预冷，再转入冷藏间贮藏，库温保持 2～3℃、空气相对湿度保持 80%～85%。筐（箱）码垛时要留有适当的通气道，以利堆内温度和湿度分布均匀。贮藏期间，通常每隔 1 个月检查 1 次，若发现变质者应及时拣出，防止感染。堆垛时垛与垛之间应留有过道，箱与箱之间应留间隙，以便通风散热和工作人员检查。发现染病薯块及时剔除，以防蔓延。

（六）化学贮藏

南方各地夏秋季不易获得低温环境，块茎休眠结束后，萌芽损耗甚重，可以采用药物处理抑制萌芽。据上海、广东等地报道，氯苯胺灵（CIPC）是一种采后使用的抑芽剂，粉剂的使用剂量为 1.4～2.8 克/千克，将粉剂撒入马铃薯堆中，用塑料薄膜或帆布覆盖 24～48 小时后打开，经处理的马铃薯在常温条件下也不会发芽，该抑芽剂在马铃薯愈伤后休眠前使用效果好。用 α-萘乙酸甲酯或 α-萘乙酸乙酯处理，也有明显的抑芽效果，方法是每 500 千克薯块用药 100～150 克，将药与 7.5～15 千克细土制成药土撒在马铃薯堆中，施药时间为休眠中期，不能过晚，否则会降低药效。青鲜素对马铃薯抑芽也有较好效果，方法是在薯块膨大期进行田间喷洒，用药浓度为 0.2%，过早或过晚施药效果均不明显。

五、国外马铃薯保鲜方法

（一）抗褐变及灭菌防腐

马铃薯抗褐变，使用次氯酸钠的有效浓度为 17.5 毫克/升，浸泡液 pH 值为 4，浸泡时间为 5 分钟以上；使用次氯酸钙的有效浓度为 17.5 毫克/升，浸泡护色效果不受溶液 pH 值限制；抗坏血酸护色的有效浓度为 0.3%。

（二）防腐与保鲜

马铃薯防腐用仲丁胺熏蒸、洗涤均可。洗薯时，将 50% 仲丁胺 1 千克用水稀释后，可洗块茎 20 000 千克。熏蒸时，按每立方米薯块用 50% 仲丁胺 6～14 克，熏蒸 12 分钟以上，防腐效果良好。新开发的马铃薯保鲜措施是使用成膜保鲜剂，即用甲壳素、壳聚糖、麦芽糖糊精、魔芋葡甘露聚糖、褐藻酸钠、石蜡、蜂蜡蔗糖酯等成膜剂，加入一定量的抑菌剂和抗氧化剂，通过浸泡成膜、刷膜或喷涂的方法进行被膜保鲜。被膜保鲜效果好，兼有气调、抑制呼吸作用的功能，尤其是壳聚糖等自身就有很强的抑菌作用。最近，日本研制出了新型的天然食品保鲜剂，该产品是从核蛋白中提取的，抗菌防腐效果良好。主要成分为鱼蛋白提取物 35%、甘氨酸 35%、醋酸钠 25%、聚磷酸钠 5%，试用于马铃薯块茎和色拉保鲜，效果良好。该保鲜剂经过 60～120℃高温加热 30 分钟后，抗菌活性仍然保持 100%，而且人若不慎食入对健康也无妨碍。此保鲜剂已获美国 FDA 等 6 个国家标准和专利的认可。

（三）贮藏与抑制发芽

保鲜薯一般要求贮藏在冷凉、避光条件下，有条件的地方宜进行高湿度气调贮藏（空气相对湿度 90%～95%），贮藏之前和贮藏期间通常进行抑芽处理。常见抑芽剂：①青鲜素，使用浓度为 2 500 毫克 / 升，收获前 4～6 周喷施马铃薯植株。②异丙基 n-（3-氯苯）氨基甲酸酯（CIPC），是目前世界上使用最广泛的马铃薯抑芽剂，使用方法有熏蒸、粉施、喷雾和洗薯 4 种，其中熏蒸抑芽效果为最好，时效长达 9 个月。熏蒸适宜浓度为 0.5%～1%，熏蒸时间为 48 小时左右；洗薯块适宜浓度为 1%。

六、贮藏期病害、冻害、冷害及易出现的问题

（一）病　害

马铃薯贮藏期病害可分为田间带病、生理性病害和侵染性病害 3 种。田间带病，主要有晚疫病、青枯病、疮痂病和病毒病等。生理性病害是由呼吸作用和物质代谢紊乱而引起的病害，其中最主要的是黑心病。发生黑心病时，块茎肉质部分慢慢变黑，最终可能在全部组织中布满黑色斑点。引起这种变化的原因有很多：堆桩过高、过大，且通风不良，致使透入组织的氧气不足而存积了二氧化碳气体，块茎中酪氨酸在活性增强的酪氨酶影响下转变成黑素，致使肉质变黑。未成熟的和沙土中成长的马铃薯比成熟的和从黑土收获的更容易变黑。此外，块茎发芽时气温高和过度干燥，运输贮藏过程中管理不善造成损伤，以及重压均可促

使发生黑心病。

侵染性病害是马铃薯贮藏期的主要病害，其中最普通的是环腐病，感病初期维管束呈淡黄色，后逐渐加深，维管束变色部分呈环状，维管束周围的薄壁细胞组织遭到破坏，严重时呈环状腐烂，使皮层与髓部分离，贮藏期间发病重的可造成烂窖。该病发育适温 20～23℃，多由伤口侵入，故生产中应尽量避免损伤，并保持较低的贮藏温度；马铃薯晚疫病是全株性病害，产品从田间带菌，在贮藏期发病。染病初期薯块表面呈现褐色凹陷小斑，扩大并向薯内延伸使整薯腐烂，有恶臭味。干燥时病部干硬。此病由疫霉属病菌侵染引起，发育适温为 20℃左右，温度高时侵染快。病菌可通过伤口、皮孔、芽眼等处侵入，潜育期 1 个月左右。防治方法主要是加强田间管理，减少侵染机会，避免机械损伤，防止湿度过高；通过伤口侵染的真菌性病害还有腐霉病，呈水渍状伤腐，有镰刀菌属侵染导致干腐、茎点霉属导致的坏疽、卵孢菌侵染导致的块茎表皮小黑疮。贮藏期用仲丁胺熏蒸可抑制薯块坏疽的发生。保持贮藏室通风良好，对冬初病害的发生有抑制作用。

（二）冻害和冷害

马铃薯通常在温度低于 1.7℃时容易受冻害，块茎外部出现褐黑色斑块，薯肉逐渐变成灰白色、灰褐色直至褐黑色，局部受冻与健康组织界限分明，后期薯肉软化、腐烂，特别容易被软腐细菌、镰刀菌侵害。受冷害的马铃薯往往外部无明显症状，内部薯肉发灰，半圈韧皮部呈黑褐色，严重的四周或中央的薯肉变褐，尤以茎端最易发生；如发生在中央，则易与生理性黑心病混淆。

防治冻害和冷害的方法首先是避免将受霜冻、冷害的马铃薯入窖（库）贮藏，贮藏温度保持 3.5～4.5℃，适当通风使库内有足够的氧气供呼吸。通常马铃薯在 2.5～3.5℃条件下有较轻冷害，0～2.5℃条件下冷害严重。

（三）容易出现的问题

贮藏窖选址不当，出现窖内出水冻窖现象；没有通风道或通风道设置不合理，窖内无法更换新鲜空气，使薯块受损；块茎入窖质量参差不齐，常有潮湿淋雨、带土、有伤病、腐烂块茎混入窖中，或入窖装卸较重造成薯皮擦伤、挤裂，这些块茎易受窖内病害侵染造成腐烂；不分用途混合贮藏，往往食用薯、商品薯、种薯、加工薯等混合入窖，特别是种薯极易造成混合病害传播，影响种性；管理不科学，在贮藏期间不检查、不通风、不调整温湿度等，春天开窖时出现烂窖、冻窖、伤热、发芽、黑心等现象，造成经济损失。

针对贮藏期容易出现的问题，生产中应注意以下问题：新薯入窖前应把老窖清理干净，并用化学药剂消毒灭菌；入窖时严格剔除病、伤和虫咬的块茎，防止入窖后发病；控制薯堆高度，堆高以 1.5～2 米为宜，窖贮量不能超过全窖容量的 2/3，最好为 1/2 左右，每立方米容积可装块茎 650～750 千克，块茎大的单位容积的重量轻，反之则重，生产中只要测出窖的总容积即可算出下窖薯块的重量。例如，窖长 15 米、宽 4 米、深 3 米时，适宜的窖藏量 ＝（15 × 3 × 4）×（750 × 0.65）＝ 87 750（千克）；严格控制温湿度，整个贮藏期内，温度调节以不伤热、不冻窖为原则，湿度以薯块不萎蔫、不腐烂为原则，长期贮藏温度保持在 2～4℃、空气相对湿度保持 85%～90%，这样块茎既不会萎蔫，也不会因高温而腐烂；马铃薯在贮藏期间，呼吸会产生二氧化碳，窖内二氧化碳含量多，不但影响薯块的贮藏品质，还会引起黑心病发生，甚至降低发芽率，因此必须适时通风换气；在降低窖温时，应在薯堆顶部覆盖一层旧麻袋片等，使之吸湿吸汗，防止堆口块茎腐烂。

第六章
马铃薯病虫草害防治技术

一、侵染性病害及防治

（一）病 毒 病

病毒病是马铃薯的主要病害之一，可以导致植株生理代谢紊乱、活力降低，造成大量减产，甚至没有商品产量，同时病毒侵染还是导致马铃薯退化的根本原因。危害马铃薯的病毒有30多种，感染不同的病毒其危害症状也不同，常见的有花叶、垂叶坏死、皱缩花叶、卷叶、矮化、顶卷花叶等。马铃薯感染病毒后，块茎变小、变形，产量降低，种性退化。采用感染病毒的块茎做种，后代仍表现退化和减产，失去种用价值。

1. 常见病毒病种类

（1）**普通花叶病毒（PVX）** 由该病毒引起的叫普通花叶病或轻花叶病。接触摩擦传毒，是较难通过茎尖剥离脱除的病毒之一。单独侵染时植株生育正常，叶片平展，只是在叶脉间表现绿色或淡绿色相间的斑驳或花叶。带毒种薯和田间自生苗是主要的初侵染来源，田间主要通过病株、带毒农具、人等接触摩擦传播。

（2）**潜隐花叶病毒（PVS）** 马铃薯潜隐花叶病毒病，因其症状表现轻微或潜隐而得名。通过茎尖剥离技术脱除该病毒难度较大，危害范围较广，几乎各地都有发生。许多品种侵染后并不表现症状，仅在一些品种上表现症状，如叶脉变深、叶片粗缩、叶尖下卷、叶色变浅、轻度垂叶、植株呈披散状，有时叶片呈青铜色，并严重皱缩，产生坏死斑点，甚至落叶，老叶背面出现淡绿色斑点，而其他部位变黄。容易通过植株的汁液传播，接触传染是田间自然传播的主要途径，切刀、摩擦均可引起传染，蚜虫也可传播。

（3）**粗皱缩花叶病毒（PVA）**　由该病毒引起的病害叫马铃薯轻花叶病。分布广泛，发病严重时可减产40%。典型症状是花叶、斑驳、脉间组织凸起，叶脉上或脉间呈现不规则浅色斑，暗色部分比健叶深，叶缘波浪状。感病叶片整体发亮，植株略呈披散状。在自然条件下主要由蚜虫非持久性传播，也可通过植株汁液和嫁接传播。带毒种薯是主要的初侵染来源。高海拔、低温、昼夜温差大，不利于发病。

（4）**花叶病毒（PVM）**　由该病毒引起的病害叫马铃薯副皱缩花叶病、卷花叶病、脉间花叶病等。病害症状因品种而异，从轻花叶到皱缩花叶。弱毒系在一些品种上引起轻花叶、小叶尖脉间花叶、叶尖扭曲、顶部叶片卷曲，强系侵染后产生明显花叶，叶片严重变形，有时叶柄和叶脉坏死、枝条矮小。气温24℃以上时症状不易表现。该病毒可通过植株汁液和嫁接传播，自然条件下可以通过蚜虫传播，且为非持久性。

（5）**重花叶病毒（PVY）**　该病毒引起的花叶病又称条斑花叶、落地叶条斑和点条斑花叶等。随病毒株系和马铃薯品种抗性不同，其症状差异较大，一般症状为叶脉、叶柄、茎有褐色条斑且发脆。严重时叶片皱缩有斑点或枯斑，叶脉坏死或呈条斑垂叶坏死，后期下部叶片干枯坏死，不脱落，顶部叶片常表现斑点或轻微皱缩症状，植株变矮，不分枝或很少分枝，有的品种还可在叶柄、茎上出现条斑坏死。由感病块茎长出的再感染植株，表现叶片簇生、矮化、叶片变小变脆。一般减产50%左右。该病毒主要通过蚜虫以非持久性方式传播，在几秒钟之内便可传毒，至少有 20 多种蚜虫可以传播，最有效的介体是桃蚜。也可通过汁液及嫁接等途径传播。

（6）**卷叶病毒（PLRV）**　该病毒引起的病害叫马铃薯卷叶病，由于发病后叶片向上卷曲或呈筒状而得名。发病严重时可引起减产 80% 以上。当年受病毒侵染的植株，其症状主要表现在顶部叶片上，通常是叶片直立、白绿色，小叶沿中脉上卷，叶基部常有紫红色边缘。由带毒种薯长出的植株，病毒可直接运转到新生植株上，这叫继发性感染。一般出苗后 20～30 天就能表现出症状：首先是底部叶片卷曲并逐渐革质化，边缘坏死，同时叶背部变为紫色。随着病情发展，上部叶片也呈现褪绿、卷叶，背面变为紫红色，重病株矮小黄化。感病块茎横切面有网状坏死，萌发后产生纤细芽。卷叶病毒主要由蚜虫以持久性方式传播，嫁接可传播。

（7）**纺锤块茎类病毒（PSTV）**　病毒植株矮化，叶片变小，叶柄与主茎的夹角变小呈束顶状；块茎小而细长、数量减少、芽眼变浅、芽眼数增多，严重时薯皮龟裂。个别品种块茎出现肿瘤状畸形，红色或紫色表皮的品种会出现退色，块茎幼芽生长缓慢、分枝少、直立，顶叶叶缘上卷，小叶扭曲，叶片皱缩不平。可通过接触、农具、衣物、切刀等进行汁液传播，也可通过花粉或种子传播。

（8）**马铃薯奥古巴花叶病毒（PAMV）**　由该病毒引起的病害叫马铃薯黄斑花叶病，又名奥古巴花叶病。因感病植株中下部叶片上呈鲜黄斑而得名，该病仅发生于一些抗性较差的品种上。感病植株叶片出现鲜艳的黄斑，植株矮化，茎顶端坏死。块茎常呈畸形，薯肉坏死。有的品种感病后，在植株矮化变形的同时，还表现出蓝紫色。该病毒可以通过汁液和嫁接传毒，在田间靠摩擦传播，也可通过桃蚜进行非持久性传播。

以上多种病毒除 PVX 外，均可通过蚜虫及汁液摩擦传播。

田间管理条件差，蚜虫发生量大，发病重。此外，25℃以上高温会降低寄主对病毒的抵抗力，同时也利于传毒媒介蚜虫的繁殖、迁飞或传毒，从而有利于该病扩展，并加重危害。

2. 防治方法

（1）**推广利用脱毒薯** 建立脱毒薯繁育基地，通过检测淘汰病薯，生产中可通过二季栽培留种。

（2）**选用抗病品种** 在条斑花叶、普通花叶和卷叶发生严重的二季作区，可选用豫马铃薯1号、豫马铃薯2号、克新4号、中薯3号、费乌瑞它（鲁引1号、津引8号）、丰收白、克新1号、白头翁等抗病品种。

（3）**精选种薯** 在田间严格选留无病毒症状的植株留种，建立种子田。种薯田应采用整薯播种，杜绝部分病毒及其他病毒借切刀传播。

（4）**调整播种期和收获期** 春季早播，早收。秋季适当晚播，避开蚜虫迁飞高峰，减轻蚜虫危害传播，同时还可避免高温影响。

（5）**防治蚜虫** 种子田从出苗开始定期喷药防治蚜虫，发现感病植株应立即拔除。

（6）**药剂防治** 发病初期喷洒0.5%菇类蛋白多糖水剂300倍液，或1.5%烷醇·硫酸铜水剂1000倍液，或20%吗胍·乙酸铜可湿性粉剂500倍液，每10天喷1次，连续喷2～3次。

（二）疮 痂 病

1. 危害特点 疮痂病又叫普通疮痂病，主要侵染块茎，有时也侵染地上茎，对产量影响较小，主要影响产品的商品性和食用品质。病斑往往出现有白色、灰色或其他颜色的粉末，特别是刚收获的块茎最明显。感病块茎表皮粗糙木质化，呈干腐状，病斑一般较浅，仅限在块茎表皮，也有的深达薯肉，引起局部薯肉硬化。在块茎膨大期间，如果连续阴雨，土壤湿度大，疮痂病引发其他病菌的侵染而导致块茎腐烂。病斑有凸起形疮痂和凹陷形疮痂 2 种，疮痂内有成熟的黄褐色孢子球，一旦表皮破裂、剥落，便露出粉状孢子团。以休眠孢子囊球在种薯内或随病残物遗落土壤中越冬，病薯和病土成为翌年该病的初侵染源。远距离传播靠种薯的调运，田间近距离的传播则靠病土、病肥、灌溉水等。休眠孢子囊在土中可存活 4～5 年，当条件适宜时萌发产生游动孢子，游动孢子静止后成为变形体，从根毛、皮孔或伤口侵入。土壤相对湿度 90% 左右，地温 18～20℃，土壤 pH 值 4.7～5.4，适于病菌发育，因而发病也重。一般雨量多、夏季较凉爽的年份易发病。

疮痂病菌可随病残体在土壤中长期生存，也可通过带病菌的有机肥进行传播。一旦条件适宜，菌丝体及土壤中的放线菌种类很多，即使在未种过马铃薯的土壤上种植马铃薯，条件适宜时仍会发生疮痂病。此外，带病种薯也是主要的侵染源。疮痂病菌主要侵染生长旺盛的块茎，一旦形成了木栓质的周皮，病菌则不易侵染。

2. 防治方法

（1）**选用无病种薯**　在发病严重的地区，实行马铃薯与其他谷类作物 4～5 年的轮作，必要时可用 2% 盐酸溶液，或 40% 甲醛 200 倍液浸种 5 分钟，或用 40% 甲醛 200 倍液将种薯浸湿，再用塑料膜盖严闷 2 小时，晾干后播种。

（2）**避免施用碱性肥料**　由于疮痂病的发生与土壤较高的 pH 值有关，因此在疮痂病发病较频繁的地区，减少施用碱性肥料，也不能撒施石灰、草木灰等，应多施酸性肥料和有机肥。不要利用病薯及其植株等沤粪。

（3）**加强栽培管理**　多施石灰或草木灰，改变土壤 pH 值。在块茎膨大期注意浇水，保持土壤湿润，避免田间忽干忽湿或长期干旱或积水。

（三）黑 胫 病

1. 危害特点 主要侵染根茎部和薯块。幼苗发病，植株矮小，节间缩短，叶片上卷，叶色褪绿，茎基部变黑腐烂。块茎发病始于脐部，随后向茎部扩展，病部黑褐色，横切可见维管束呈黑褐色，用手挤压皮肉不分离，湿度大时薯块黑褐色腐烂并发臭。

黑胫病的初侵染来源主要是带菌种薯和田间尚未完全腐烂的病薯块。病菌在块茎或田间未完全腐烂的病薯上越冬，主要通过灌溉水、雨水或昆虫传播，经块茎的皮孔、生长裂缝、机械伤口及地下害虫造成的伤口侵入。温湿度是影响病害流行的主要因素，温暖潮湿条件易于导致细菌侵入块茎。在排水不良的地块里发病重，常致薯块腐烂。田间灌水次数增加，发病程度随之增加。冷湿土壤植株生长缓慢，伤口抗侵染能力降低，易于导致发病。收获后，在通风不良和高湿条件下贮藏有利于病害发展。

2. 防治方法 ①选用抗病品种。②选用无病种薯，建立无病留种田。③加强栽培管理。选择地势高、排水良好的地块种植，避免损伤种薯。及时拔除病株，清除病残体。注意农具的清洁，必要时用次氯酸钠或甲醛消毒处理。

（四）软 腐 病

1. 危害特点 马铃薯软腐病主要发生在块茎上，其次是叶片和茎。病菌侵入后，在块茎上形成不规则圆形病斑，呈水渍状暗褐色凹陷，在温暖潮湿条件下病斑很快扩大并湿腐变软，心髓组织呈灰色或浅黄色腐烂。病、健组织界限明显，通常病区边缘呈褐色或黑色。腐烂块茎在早期通常无气味，后期由于二次侵染产生黏液或黏稠物质，具恶臭味。在干燥条件下，有时传染受到抑制，病斑变干，形成黑色坚硬的凹陷区。叶片发病，近地面老叶先发病，病部呈不规则暗褐色斑，湿度大时腐烂。茎部发病多始于伤口，随之蔓延，最后茎内髓组织腐烂、恶臭。病茎上部枝叶萎蔫下垂，叶片变黄。

带菌种薯是最主要的初侵染来源，病菌也可在病残体上或土壤中越冬，经伤口侵入，借雨水传播蔓延。温暖高湿和缺氧易于导致块茎腐烂；长期大水漫灌、淹水、积水，更易发病。贮藏室空气相对湿度达到90%以上，特别是块茎表面形成水膜时，最易于导致软腐病的发生。在收获和运输过程中，块茎很容易受病菌侵染。在入窖1个月内，如果窖内温度高、湿度大，块茎表面的病菌迅速增殖，并从伤口和皮孔侵入内部组织而引起腐烂。收获前土壤湿度大、透气性差，造成块茎气孔凸出，易给病菌侵染创造条件。此外，带病粪肥、灌渠等也是重要侵染源。收获时块茎不成熟、受伤、日灼等均易感染软腐病。

2. 防治方法

第一，种植无病种薯，无病小薯整薯播种是防治软腐病的最好方法。准备贮藏的薯块应于成熟后收获，收获前5～7天停止浇水，保证土壤干燥。收获时避免碰伤薯皮，晾干薯皮后再往回运输。如需切块播种，切前和切后均应将种薯在12～15℃的通风环境中放置数天后播种。

第二，播种前进行选种晒种，清除有病块茎。最好采用小整薯播种；切块时切到有病种薯时，应对切刀消毒。加强田间管理，注意通风透光，降低田间湿度，增施钙肥和磷肥。软腐病菌在土壤中能存活40个月，在软腐病严重的地块实行4年以上的轮作倒茬。

第三，适时收获和贮藏。春季应适当提前收获，以免受高温及雨季影响。收获和运输时防止机械损伤，贮藏期应注意贮藏场所干燥通风。贮藏时剔除伤、病薯，贮藏期间注意通风，避免块茎表面潮湿和窖内缺氧。

第四，及时拔除病株，并用石灰对病穴进行消毒处理。

第五，药剂防治。发病初期喷洒50%琥胶肥酸铜可湿性粉剂 500 倍液，或 12% 绿乳铜乳油 500 倍液，或 14% 络氨铜水剂 300 倍溶液。

（五）环腐病

1. 危害特点 地上部染病分枯斑和萎蔫两种类型。枯斑型多在植株基部复叶的顶上先发病，叶尖和叶缘及叶脉呈绿色，叶肉为黄绿色或灰绿色，具明显斑驳，且叶尖干枯或向内纵卷，病情向上扩展，致全株枯死；萎蔫型多数从现蕾期开始发病，开花期为盛期。发病初期，植株叶片自下而上逐渐萎蔫下垂，上部叶片沿中脉向内弯曲，呈失水状萎蔫，叶片变灰色，部分枝茎或整株枯死。但叶片不脱落，剖开茎基部，维管束为淡黄色至黄褐色。块茎发病，皮层内有环形或弧形坏死，故称环腐。经贮藏块茎芽眼变黑干枯或外表爆裂，播种后不出芽，或出芽后枯死，或形成病株。

该病由马铃薯环腐菌引起，块茎带菌是主要病原。病菌存活在一些自生马铃薯植株中，不能在土壤中存活，但可能被携带在工具、机械、包装箱或袋上。带病薯块和健康薯块在一起堆积时，很容易通过伤口接触传播。带病薯块播种后，随着种薯的发芽生长，病菌可沿维管束组织逐步蔓延到地上部茎枝维管束，影响水分向上输送，植株发生萎蔫。病菌从维管束蔓延到新生块茎，块茎由脐部向上维管束变色。严重时维管束腐烂，呈棕红色，用手压挤，薯肉与原皮层分离。环腐病传播途径主要是切块时借切刀传播，经伤口侵入，受到损伤的健薯只有在维管束部分接触到病菌才能被感染。播种早发病重，收获早则病薯率低。马铃薯环腐病发生的适宜地温为 19～23℃，最高 31～33℃，最低 1～2℃，致死温度 50℃、10 分钟。地温 18～22℃时发病最快。阴雨连绵、排水不良及地下害虫危害重的地块发病严重。

2. 防治方法 严禁从病区调运引进种薯，利用杂交实生苗繁育无病种薯，采用整薯播种避免切刀传播。建立无病种薯田，选用 2 年未种过马铃薯的地块种植。播前剔除病薯，并把种薯放在室内堆放 5～6 天进行晾种。用 50 毫克 / 升硫酸铜溶液浸泡种薯 10 分钟有较好效果。结合中耕培土，及时拔除病株，带出田外集中处理。切刀消毒、削腔（脐部）把关，即切块前准备 3～4 把刀，先在种薯的尾部（脐部）削切一刀，发现维管束变色立即淘汰，并对切刀消毒。切刀消毒方法是将切刀在火炉上烧烤 20 秒钟左右，然后放入凉水中浸泡一会儿，切刀凉后即可使用，也可在沸水中煮 2～3 分钟，晾凉后即可使用。

（六）青 枯 病

1. 危害特点　青枯病属于细菌性病害，植株发病时某个茎或分枝突然萎蔫青枯，其他茎叶仍然正常，但不久也枯死，最后全株枯萎。病株叶片浅绿色或苍绿色，叶片先萎蔫后下垂，开始早晚恢复，持续 4～5 天后全株茎叶萎蔫死亡，但仍可保持青绿色，叶片不凋落，叶脉褐变，茎出现褐色条纹，横剖茎可见维管束变褐，湿度大时切面有细菌液溢出。

植株发病的同时，病菌从匍匐茎侵入块茎，脐部组织首先出现病状。刚侵入时组织变色较浅，很容易被忽视；较重时脐部呈灰褐色水渍状，切开薯块可见维管束变褐色，用手压挤有白色的黏液溢出，但皮、肉不从维管束处分离（这是与环腐病的主要区别）。严重时外皮龟裂，髓部溃烂，此有别于环腐病。有些薯块芽眼被侵害不能发芽，全部腐烂。病菌随病残体在土壤中越冬，侵入薯块的病菌在贮藏窖里越冬，无寄主时可在土壤中腐生 14 个月至 6 年。病菌通过土壤、种薯、切刀、浇水或雨水传播，从茎部或根部伤口侵入。田间地温 14℃以上、日平均气温 20℃以上即可发病，高温高湿、田间土壤含水量大或阴雨或大雨后转晴气温急剧升高时发病重，酸性土壤发病重。

2. 防治方法

①加强植物检疫、严禁到青枯病发生地区调种和引种。

②采用脱毒种薯，利用脱毒薯更换已感染的品种，大量繁殖无病种薯，迅速扩大无病种薯种植面积。

③实行整薯播种，避免切刀传病。如果种薯必须切块，除淘汰病薯外，切刀必须进行消毒。

④用高质量的有机肥，严禁用带病的茎叶和烂薯沤制肥料，防止土壤被病菌污染传病。

⑤实行与禾本科作物4年轮作，实行水旱轮作。选择无病地育苗，采用高畦栽培，避免大水漫灌。

⑥发现田间病株及时拔除销毁，病株穴用生石灰消毒。

⑦加强田间管理。中后期尽量少中耕，以免伤根。适当提前收获。生长后期，浇水量要小，雨后注意排水。采用配方施肥技术，喷施叶面肥植宝素7 500倍液，或复硝酚钠水剂6 000倍液，施用充分腐熟有机肥或草木灰，以改变土壤微生物群落。每亩施石灰100～150千克，调节土壤pH值。

⑧药剂防治。发病初期可用72%硫酸链霉素可溶性粉剂4 000倍液，或25%络氨铜水剂500倍液，或77%氢氧化铜可湿性微粒粉剂400～500倍液，或50%琥胶肥酸铜可湿性粉剂400倍液灌根，每株灌药液0.3～0.5千克，每隔10天灌1次，连续灌2～3次。

（七）癌 肿 病

1. 危害特点 主要危害马铃薯地下部分，被害块茎和匍匐茎，由于病菌刺激细胞不断分裂，形成大小不一、形状不定的粗糙突起肿瘤，状如花椰菜，受害薯块表面常龟裂。癌瘤组织前期黄白色，露出土表部分变绿色，后期黑褐色，组织松软易腐烂并产生恶臭味，有褐色黏液物。贮藏期间病薯仍能发展，甚至造成烂窖。病薯变黑有恶臭味，经长时间煮沸不易变软，难以食用。地上部受害，外观与健株差异不明显，但后期病株较健株高、保绿期限比健株长、分枝多、结浆果多。重病株的茎、叶、花均可受害形成癌肿病变或畸形。病菌以休眠孢子囊在病组织内或随病残体在土壤中越冬，可在土中存活 25～30 年，条件适宜时萌发产生游动孢子，从寄主表皮细胞侵入，产生孢子囊并刺激寄主细胞分裂和增生。孢子囊萌发产生游动孢子或合子，进行重复侵染。病菌在低温高湿、气候冷凉、昼夜温差大、土壤湿度高、温度为 12～24℃条件下易于侵染。本病目前主要发生在四川、云南等地，疫区一般在海拔 2 000 米左右的冷凉山区，土质疏松、有机质丰富、偏酸性的地块易于发病。

2. 防治方法

①严格实行检疫，严禁病区种薯向外调运。

②品种间抗性差异大，可因地制宜选用抗病品种。云南的米拉品种表现高抗，各地可据情选用。

③选择粮谷作物轮作，消除隔年生马铃薯。重病地改种非茄科作物。

④加强栽培管理，避开低洼易涝地；施用腐熟无病肥料，增施磷、钾肥；销毁病残株体。

⑤药剂防治。每亩用 15% 三唑酮乳油 400～500 克，以 1∶200 的比例与沙土混合制成药土，播种后覆盖种薯；于马铃薯出苗率达 70% 时用 15% 三唑酮乳油 1 000 倍液灌根，初蕾期再灌根 1 次，每亩用药液 60 千克；或用 20% 三唑酮乳油 2 000 倍液于苗期、蕾期分别喷施。

（八）粉 痂 病

1. 危害特点　主要危害块茎及根部，有时地上茎也可染病。块茎染病，初在表皮上出现针头大的褐色小斑，外围有半透明的晕环，后小斑逐渐隆起、膨大成为小"疱斑"，其表皮尚未破裂，为粉痂的"封闭疱"阶段。后随病情的发展，"疱斑"表皮破裂、反卷，皮下组织现橘红色，散出大量深褐色粉状物（孢子囊球），"疱斑"下陷呈火山口状，外围有木栓质晕环，为粉痂的"开放疱"阶段。根部染病，于根的一侧长出豆粒大小单生或聚生的瘤状物。

　　病菌以休眠孢子囊球在种薯内或随病残物遗落在土壤中越冬，病薯和病土成为翌年的初侵染源。病害的远距离传播靠种薯的调运，田间近距离的传播靠病土、病肥和灌溉水等。休眠孢子囊在土中可存活 4～5 年，条件适宜时萌发产生游动孢子，从根毛、皮孔或伤口侵入。土壤相对湿度 90% 左右、地温 18～20℃、土壤 pH 值 4.7～5.4，适于病菌发育，发病重，一般雨量多、夏季较凉爽的年份易发病。

　　2. 防治方法

　　①严格执行检疫制度，对病区种薯严加封锁，禁止外调。

　　②避免连作，病区实行 5 年以上轮作。

　　③选留无病种薯，把好收获、贮藏、播种关，淘汰病薯。必要时可用 2% 盐酸溶液或 40% 甲醛 200 倍液浸种 5 分钟，再用塑料膜盖严闷 2 小时，晾干播种。

　　④加强肥水管理，增施基肥和磷、钾肥，多施石灰或草木灰，调整土壤 pH 值。提倡采用高畦栽培，避免大水漫灌，防止病菌传播蔓延。

（九）干 腐 病

　　1. 危害特点　　干腐病是一种比较古老的马铃薯病害，发生比较普遍，属贮藏期病害。块茎经过一段时间的贮藏后才开始发病，最初块茎上出现褐色小斑，随后扩大并下陷皱缩形成同心轮纹，造成块茎腐烂。在腐烂部分的表面，常形成由病原菌的菌丝体紧密交织在一起的凸出层，其上着生白色、黄色、粉红色或其他颜色的孢子团。腐烂的块茎皱缩变干即干腐，坏死组织变褐色，有时呈现各种颜色，形成空洞。在潮湿条件下转为软腐，这可能是由一些腐生菌入侵所致。干腐病菌侵染也可发生在块茎膨大、收获和运输过程中，种薯在切块过程中也能进行病菌传播。

干腐病是由一种叫镰刀菌的真菌侵染所致，能在土壤中存活数年，在收获时块茎表皮就有可能带有病菌。收刨、装运过程中的碰撞和相互挤压，使薯块表皮产生伤口，病菌通过伤口入侵到组织中，条件适宜时引起病变。

刚收获的块茎抗侵染能力较强，随着贮藏期的延长抗病性下降。在贮藏期间，感病块茎又成为新的侵染源，病菌对其相邻的块茎进行侵染。一般来说，早熟品种最易发病，中熟品种次之，晚熟品种抗性较强。薯皮薄、成熟度差的块茎易感病，皮层老化、成熟度好的抗性强。

2. 防治方法

①收刨及运输过程中避免块茎碰伤。收刨后让薯块在田间晾晒几小时后再往回装运，使薯皮变干，可减少破皮。

②贮藏前将块茎摊放在通风干燥处2～3天，使薯皮晾干、伤口愈合，然后再进行贮藏。

③发病严重的地区，在贮藏种薯时，可用杀菌剂处理种薯。

（十）丝核菌溃疡病

1. 危害特点 幼芽感病顶部出现褐色病斑，使生长点坏死。苗期受害常在茎上出现指印形状或环剥的褐色溃疡面，植株矮小，顶部丛生，严重的植株顶部叶片向上卷曲并褪绿。地上茎枯萎或形成气生薯，在近地表的表面往往产生灰白色菌丝层，茎表面呈粉状。匍匐茎上有红褐色病斑，在成熟的块茎表面形成大小及形状不规则坚硬的土壤颗粒状黑褐色或暗褐色菌核，不易洗掉，而菌核下边的组织完好。有的块茎出现破裂、畸形、锈斑和鳞片状变色组织，茎末端组织坏死。

溃疡病的无性繁殖阶段是立枯丝核菌，病原物以菌核在块茎、土壤或以菌丝体在病株残体上越冬，翌年当温度、湿度条件适宜时侵染幼苗、根、地下茎、匍匐茎和块茎。

2. 防治方法 选用无病种薯，培育无病壮苗，建立无病留种田。与小麦、玉米、大豆等作物倒茬，实行3年以上轮作制。选择地势平坦、易排涝地块，以降低土壤湿度。适时晚播和浅播，提高地温，促进早出苗，减少幼芽在土壤中的时间，以减少病菌的侵染。田间发现病株及时拔除，带出田外深埋，病穴内撒施生石灰消毒。栽种时薯块用多菌灵等杀菌剂浸种播种后用嘧菌酯药液均匀喷洒土壤和芽块，然后覆土。

（十一）早 疫 病

1. 危害特点 主要危害叶片，也可危害叶柄、茎和薯块。植株下部叶片或老叶先发病，产生褐色凹陷斑点，病斑迅速扩大，其上产生黑色同心轮纹，湿度大时病斑上生出黑褐色霉层。严重时，病斑相互连接，受叶脉限制呈三角形或不规则形，最后干枯脱落形成穿孔。叶柄受害多发生在分枝处，病斑褐色呈稍凹陷线条状，扩大后呈灰褐色长椭圆形斑，有轮纹，严重时茎叶枯死。块茎受害，产生暗褐色凹陷圆形病斑，大小不等，边缘明显，皮下呈浅褐色海绵状干腐，深度一般不超过6毫米。在贮藏期间病斑可增大，块茎皱缩。

病菌以菌丝体和分生孢子在病薯上和土壤中的病残体上越冬，翌年种薯发芽病菌开始侵染。病苗出土后，其上产生的分生孢子借风、雨传播，通过表皮、气孔或伤口侵入叶片或茎组织。高温高湿利于发病，通常温度在15℃以上、空气相对湿度80%以上开始发病，25℃以上时只需短期阴雨或重露病害就会迅速蔓延。因此，7～8月份雨季易发病，若这期间雨水过多、雾多或露水多，则发病重。在湿润和干燥交替的气候条件下，病害发展迅速。瘠薄及肥力不足的地块发病重。

2. 防治方法

①选用早熟抗病品种，如东农303、晋薯7号等。选择土壤肥沃的地块种植，增施有机肥，实行配方施肥，提高马铃薯抗病能力。适时提早收获。

②加强栽培管理。增施钾肥，及时灌溉，促进植株生长健壮；清除田间病残体，减少侵染菌源；重病地最好与豆科、禾本科作物轮作 3～4 年。

③合理贮运，收获充分成熟的薯块，在收获、包装和运输过程中尽量减少块茎损伤。病薯不入窖，贮藏温度以 4℃为宜，不可高于 10℃，并且注意通风换气。

④发病初期，可喷施 64% 噁霜·锰锌可湿性粉剂 500 倍液，或 80% 代森锰锌可湿性粉剂 600 倍液，或 75% 百菌清可湿性粉剂 600 倍液，或 77% 氢氧化铜可湿性粉剂 500 倍液，或 47% 春雷·王铜可湿性粉剂 800 倍液，每隔 7 天喷 1 次，连续防治 2～3 次。

（十二）晚疫病

1. 危害特点　晚疫病主要危害马铃薯叶、茎和薯块。叶片感病，先在叶尖或叶缘处呈水渍状绿褐色斑点，病斑周围有浅绿色晕圈，湿度大时病斑迅速扩大，呈褐色，在叶背面产生白霉，即孢子梗和孢子囊。干燥时病斑变褐干枯，质脆易裂，不见白霉，且扩展速度减慢。叶柄、茎部感病，呈褐色条斑。严重时叶片萎垂、卷缩、全株黑腐，全田一片枯焦，散发出腐败气味。块茎感病，呈褐色或紫褐色稍凹陷大病斑，病部皮下薯肉呈褐色，逐步向四周扩大或烂掉。

病菌以菌丝体在薯块中越冬。播种带菌薯块，不发芽或发芽出土后死亡，有的出苗后在温度、湿度适合时成为中心病株。病菌孢子借气流传播侵染周围植株，形成发病中心，并迅速向外侵染蔓延，全田植株感病而枯死。病菌孢子落入土壤中侵染薯块，带病的种薯是马铃薯晚疫病翌年发生的主要病源。夜间较冷凉、气温为 10℃左右、重雾或有雨时菌丝产生大量孢子囊；白天高温，则促进孢子囊迅速萌发，病害极易流行；反之，雨水少、温度高，则病害发生轻。地势低洼、排水不良的地块发病重，种植密度大或偏施氮肥有利于发病。

2. 防治方法

①选用抗病品种，早熟品种抗晚疫病性能较差，中晚熟品种抗晚疫病性能较强。较抗晚疫病的品种有高原7号、克新2号等。

②精选种薯，种薯入窖贮藏、出窖、春化处理、切块、催芽等每个环节都要精选，淘汰病薯，以切断病原。为避免因种薯带菌而引起发病，最好在种薯催芽前用药剂处理，方法是用25%甲霜灵可湿性粉剂800倍液对种薯进行喷雾，然后将薯块堆在一起用薄膜盖严4～6小时，再将薯堆摊开晾干，最后切块催芽。在二季作区如果收获期赶到雨季，易发生晚疫病，因此应早播早收，于6月中旬前收获完，冷凉山区可适当晚些收获。

③加厚培土，防止病菌孢子囊落入土壤后侵染薯块。地上茎叶发病枯死后及时割去，暴晒2～3天后收获。

④田间发现中心病株或发病中心后，立即割去病株，带出田外深埋，并要对发病中心的周围进行喷药封锁，连续喷药2～3次，即可控制晚疫病危害。药剂可选用40%三乙膦酸铝可湿性粉剂200倍液，或64%噁霜·锰锌可湿性粉剂500倍液，或69%烯酰·锰锌可湿性粉剂800倍液，或72.2%霜霉威水剂500倍液，或53%甲霜·锰锌可湿性粉剂800倍液，或80%代森锰锌可湿性粉剂400～800倍液，或72%霜脲·锰锌可湿性粉剂600～800倍液，每10天左右喷1次，连续防治2～3次。

二、虫害及防治

（一）大青叶蝉

1. 危害特点　属同翅目叶蝉科。成虫体长8～9毫米，头部黄色，头顶有1对黑斑。若虫初孵时灰白色，后变淡黄色。成虫和若虫均危害叶片，刺吸汁液，造成褪色、畸形、卷缩，甚至全叶枯死。此外，还可传播病毒病。

2. 防治方法 枯枝落叶集中销毁。深翻土地，冬耕晒垡。与非本科的作物轮作，水旱轮作最好。选用排灌方便的地块种植，使用充分腐熟的有机肥。清洁田园，灯光诱杀成虫。在若虫盛期可用40%乐果乳油1000倍液，或10%吡虫啉可湿性粉剂2500倍液，或90%晶体敌百虫800倍液，或25%噻嗪酮可湿性粉剂1500倍液喷雾。

（二）马铃薯块茎蛾

1. 危害特点 块茎蛾又名马铃薯麦蛾或烟潜叶蛾，主要危害茄科植物，以马铃薯、烟草和茄子受害最重，其次是甜椒和番茄等。块茎蛾以幼虫危害马铃薯，幼虫大多从叶脉附近蛀入叶内，专食叶肉，仅留下叶片的上下表皮和粗叶脉，使叶片呈透明状，严重时嫩茎、叶芽也被危害，幼苗全株枯死。田间或贮藏期可钻蛀马铃薯块茎，呈蜂窝状甚至全部蛀空，块茎外表皱缩，并引起腐烂。幼虫危害块茎时，从块茎的芽眼附近打洞钻入，逐渐咬食成隧道，粪便排在洞外。块茎贮藏期间危害最重，严重时会吃空薯块。卵主要在薯块芽眼、破损皮部、裂缝等处产出。该虫抗寒性较差，冬季严寒年份发生较轻，涝年发生也较轻，干旱年份发生较重。马铃薯播种较浅、培土较薄时发生较重。

块茎蛾属鳞翅目麦蛾科银灰色小蛾。成虫体长5～8毫米，翅展13～15毫米，灰褐色。成虫成活期20天左右，卵产于叶脉处和茎基，在块茎上多产于芽眼、破皮、裂缝处。幼虫期7～11天，幼虫四处爬散，吐丝下垂，随风飘落在邻近植株叶片上，潜入叶内危害，在块茎上的幼虫从芽眼蛀入。幼虫白色或浅黄色，老熟时粉红色，头部棕褐色，幼虫共4龄。老龄幼虫吐丝做茧化蛹，经7～8天变成蛾子。夏天30天左右发生1代，冬天50天左右发生1代，1年可繁殖5～6代。种植马铃薯和烟草的地区，两种作物互为寄生，危害比较严重。

2. 防治方法

①块茎蛾是检疫对象，严禁从发生地区调种，防止虫害扩大传播。

②在成虫盛发期可喷洒 10% 氯氰菊酯乳油 2 000 倍液。块茎入窖后立即用 90% 晶体敌百虫 1 000 倍液，或 80% 敌敌畏乳油 1 000 倍液喷洒薯堆。

③加强田间管理，及时培土，切勿让块茎露出地面，以免成虫产卵于块茎上。清洁田园，集中焚烧田间残株和杂草，防止潜入的虫害继续存活。马铃薯收获后，块茎尽快运回，不能在田间过夜，以免成虫在夜间或早晨产卵于块茎。入窖后薯堆覆盖 3 厘米厚细沙或在薯堆上覆盖麻袋，严防成虫产卵。

（三）蚜　虫

1. 危害特点　蚜虫也称腻虫，群集在嫩叶背面吸食汁液，同时排出一种黏稠物堵塞气孔，造成叶片卷曲，皱缩变形，使顶部幼芽和分枝生长受到影响，造成严重减产。蚜虫在吸汁过程中把病毒传给无病植株，使病毒在田间迅速传播，这种危害造成的损失更为严重。

蚜虫是孤雌生殖，繁殖速度快，从越冬寄主转移（迁飞）到第二寄主马铃薯等植株后，每年可发生 10～20 代。蚜虫靠有翅蚜迁飞扩散，有翅蚜一般在 4～5 月份向马铃薯迁飞，25℃左右时繁殖最快，高于 30℃或低于 6℃时蚜虫减少，暴雨、大风天气和多雨季节不利于繁殖和迁飞。有时蚜虫的成虫或若虫在菜窖、温室、阳畦内越冬。桃蚜对黄色、橙色有强烈的趋性，而对银灰色有负趋性。蚜虫降落是主动逆风过程，风速大时很难落下来，因此在风速较小的背风处常聚集着大量蚜虫。蚜虫喜欢干燥天气，阴雨天不利于蚜虫发生。

2. 防治方法　首先应将蚜虫消灭在第 1 代有翅蚜生成之前，因此春天要早打药。种薯地周围 200 米以内不种植桃树、油菜、西瓜等开黄花的作物，以减少卵越冬寄主。一旦发现有蚜虫应喷药防治，可用10%吡虫啉可湿性粉剂2000倍液，或40%乐果乳油1000倍液，或50%抗蚜威可湿性粉剂2000倍液，或20%氰戊菊酯乳油2000倍液，或52.5%氯氰·毒死蜱乳油1000～1500倍液，或2.5%氯氟氰菊酯乳油1000～1500倍液，或2.5%噻嗪酮乳油2500倍液喷雾防治。蚜虫多在心叶、叶背处危害，喷药时要周到细致。

（四）斜纹夜蛾

1. 危害特点　属鳞翅目夜蛾科。成虫体长14～20毫米，头、胸、腹均为深褐色。老熟幼虫体长35～47毫米，头部黑褐色，胸足近黑色，腹足暗褐色。以幼虫取食寄主叶片，轻则食成缺刻和孔洞，重则全田食光，仅留残叶柄和粗脉，造成严重损失。

2. 防治方法　加强田间管理，铲除杂草，合理轮作。平整土地，秋、冬耕翻土壤，消灭越冬蛹。利用成虫的趋光性和趋化性，用黑光灯和糖醋液进行诱捕。摘除叶背的卵块或分散前的初龄幼虫。1～3龄幼虫盛发期施药防治，可用氟虫腈、阿维菌素、辛硫磷和氟铃脲喷施（按产品说明书），注意喷施叶片背面及下部叶片。

（五）二十八星瓢虫

1. 危害特点　二十八星瓢虫主要有马铃薯瓢虫和酸浆瓢虫，前者又叫大二十八星瓢虫，后者又叫小二十八星瓢虫或茄二十八星瓢虫。马铃薯瓢虫主要分布在北方，以东北、华北地区为主；茄二十八星瓢虫以江南受害最重。成虫和幼虫均可危害马铃薯叶片和嫩茎，被害叶片仅残留上表皮，形成许多不规则透明的凹纹，后呈现褐色斑痕，叶片斑痕过多则导致枯萎。

成虫为红褐色带28个黑点的半圆形甲虫。马铃薯瓢虫以成虫群集在背风向阳的山洞中、石缝内、树皮下、屋檐下、篱笆下、土穴内及各种缝隙中越冬，也喜欢在背风向阳的山坡或半丘陵地群集越冬，土质以沙质壤土最适合。成虫取食或产卵均在白天，上午10时至下午2时活动最盛。成虫假死性强，受惊后跌落不动，并可分泌黄色黏液。产卵积聚成块，每块有20～30粒，每个雌虫可产300～400粒，多产在叶的背面。幼虫夜间孵化，共4龄，幼虫孵化后经6～7小时开始取食，3天后才分散，绝大部分在叶背面。初孵化幼虫群集于叶背面危害，二龄后分散到其他叶片危害。幼虫为黄色或黄褐色，身上有黑色刺毛，躯体扁椭圆形，行动迅速。夏季高温对生长发育、繁殖后代极为不利，成虫在高温时多隐蔽，停止取食，新孵化的幼虫遇高温死亡率较高。

2. 防治方法

（1）**捕捉成虫，摘除卵块**　利用成虫集中越冬和假死习性，早春在越冬场所可抓到大量过冬成虫。6月份当成虫大量向马铃薯地迁移时，于早晨有露水时可在田间捕捉。卵集中成块状产在叶背上，且颜色鲜艳，可及时摘除，深埋土中。

（2）**药剂防治**　在幼虫分散前，可用90%晶体敌百虫或50%辛硫磷乳油1 000倍液，或2.5%溴氰菊酯乳油3 000倍液，或2.5%氯氟氰菊酯乳油4 000倍液，或40%氰戊·马拉松乳油2 000～3 000倍液喷雾，每10天左右喷1次，连喷3次，注意喷到叶背面。

（六）蓟　马

1. 危害特点　该虫一般于叶片背面吸食，使叶面上产生许多银白色的凹陷斑点，严重时可使叶片干枯，减弱植株生长势，甚至使之枯萎。蓟马虫体很小，只有1～2毫米。在南方1年发生11～14代，在华北、西北等地1年发生6～8代。以成虫在枯枝落叶层、土壤表皮层中越冬，翌年4月中下旬出现第一代，10月下旬至11月上旬进入越冬代。蓟马世代重叠严重，成虫寿命春季为 35 天左右，夏季为 20～28 天，秋季为 40～73 天。

2. 防治方法

（1）**农业防治** 干旱有利于蓟马繁殖，生产田应及时灌溉，以有效减少蓟马的数量，减轻危害。

（2）**药剂防治** 可用 90% 晶体敌百虫 800～1 000 倍液，或 0.3% 印楝素乳油 800 倍液，或 20% 氰戊菊酯乳油 3 300～5 000 倍液，或 10% 氯氰菊酯乳油 1 500～4 000 倍液喷施防治，叶片正反两面均要喷施。

（七）潜 叶 蝇

1. 危害特点 潜叶蝇体形很小，危害马铃薯的主要是幼虫，以幼虫潜入叶片表皮下曲折穿行取食绿色组织，造成不规则的灰白色线状隧道。危害严重时，叶片上布满蛀道，甚至枯死。成虫可吸食汁液，使被害处成小白点。

2. 防治方法

（1）**加强检疫** 美洲斑潜蝇为检疫性害虫，要加强植物检疫，防止随马铃薯调运传入或传出。

（2）**农业防治** 保护天敌，可减少潜叶蝇危害。作物收获后深耕翻土，清洁田园，清除残株败叶和杂草，降低虫源基数，减少下一代发生数量。施用充分腐熟的粪肥，特别是厩肥。利用潜叶蝇成虫对黄色的趋性，可采用黄板诱杀。

（3）**药剂防治** 加强测报，掌握在卵孵化高峰期施药，可选用 1.8% 阿维菌素乳油 3 000～5 000 倍液，或 48% 毒死蜱乳油 1 000 倍液，或 20% 氰戊菊酯乳油 3 000 倍液，或 20% 阿维·杀蜱微乳剂 1 000～2 000 倍液，在清晨或傍晚喷施，每间隔 5～7 天喷 1 次，连续喷施 3～5 次。

（八）茎 线 虫

1. 危害特点 主要危害块茎，使块茎表皮呈褐色龟裂，或外部症状不明显，内部出现空隙或糠心，重量减轻，降低产量，影响品质。

茎线虫可以终年繁殖和危害，成虫和幼虫均可危害。在薯块上或土壤中越冬，通过块茎表皮或伤口侵入，借助种薯、土壤粪肥及秧苗传播，也可借助雨水和农具短距离传播。湿润疏松的沙质土壤发生严重。

2. 防治方法

①严格实行检疫，严禁随意调运种苗。

②因地制宜选用抗病品种。

③提倡与烟草、水稻、棉花、高粱等非寄主作物进行轮作。

④加强田间管理，施用充分腐熟的有机肥，及时清除病残体。

⑤选用无病种薯，建立无病留种田。

⑥药剂防治。每亩用 5% 灭线磷颗粒剂 1～1.5 千克，撒在薯秧茎基部，然后覆土、浇水。

（九）茶 黄 螨

1. 危害特点 茶黄螨由于螨体极小，肉眼难以观察识别，常误认为是生理性病害或病毒病。对马铃薯嫩茎叶危害较重，特别是在二季作地区秋季发生严重，个别田块植株呈油褐色枯死。危害时间一般在秋季的 9 月下旬至 10 月上旬，成螨和幼螨集中在幼嫩的茎和叶背刺吸汁液，受害叶片背面呈黄褐色，有油质状光泽或呈油渍状，叶片边缘向叶背卷曲。嫩叶受害叶片变小变窄，嫩茎变成黄褐色并扭曲畸形。严重者植株枯死。

成虫活泼，尤其是当取食部位变老时，立即向新的幼嫩部位转移，而且还有搬运雌螨、若螨至植株幼嫩部位的习性。卵和幼螨对湿度要求较高，空气相对湿度 80% 以上时才能发育，故温暖多湿的地块茶黄螨发生严重。

2. 防治方法 许多杂草是茶黄螨的寄主，生产中应及时清除田间、地边、地头杂草，消灭寄主植物，杜绝虫源。马铃薯种植地块不要与菜豆、茄子、青椒等蔬菜临近，以免传播。茶黄螨发生后，可用75%炔螨特乳油1500～2000倍液，或20%复方浏阳霉素乳油1000倍液，或40%环丙螨醇可湿性粉剂1500～2000倍液，或25%灭螨猛可湿性粉剂1000～1500倍液，或40%乐果乳油1000倍液喷洒。

（十）金 龟 子

1. 危害特点　金龟子是蛴螬的成虫，常见的有大黑鳃金龟、暗黑鳃金龟和铜绿丽金龟。我国北方地区1～2年发生1代，以幼虫和成虫在土中越冬。5～7月成虫大量出现，黄昏活动，咬食叶片，交配产卵。成虫有假死性和趋光性，并对未腐熟的堆厩肥有强烈趋性。白天多藏于土中，晚上8～9时为取食、交配活动盛期。

蛴螬及其成虫均在土中越冬，在土中上下垂直活动，成虫在地下40厘米以下越冬，幼虫在90厘米以下越冬，春季再上升到10厘米左右深的耕作层。蛴螬始终在地下危害，咬断幼苗根茎部，使植株枯黄而死，或啃食块茎。土壤湿度大，或小雨连绵天气危害严重。越冬幼虫于4～5月份开始活动，5～6月份陆续化蛹，6月下旬至7月下旬羽化。初孵幼虫先取食土中腐殖质，之后取食植株地下部位，所以有机质含量高的土壤蛴螬发生严重。秋季地温降至9℃时，则明显往土壤深处移动，5℃时则完全越冬。翌年春季地温达5℃以上时又开始活动。土壤干燥不利于虫卵孵化，甚至干死，幼虫也容易死亡；反之，雨水较多时危害加重。保水能力强、有机质含量多的土壤，蛴螬发生严重。

2. 防治方法

①播种、扦插及移栽前精细整地，随时捡出幼虫和成虫，并注意清理杂草、落叶。秋冬耕耙把害虫翻出地面，增加致死机会。

②合理施肥，施用充分腐熟有机肥，合理使用化肥，如碳酸氢铵、腐殖酸铵、氨水、氨化过磷酸钙等化肥散出的氨气对蛴螬等地下害虫有一定的驱避作用。

③适时灌水，特别是 11 月份前后冬灌，或生长期浇灌大水，均可减轻危害。

④成虫发生高峰期用黑光灯诱杀，或用糖醋液（红糖 6、醋 2、酒 1、敌百虫 3、水 10）诱杀，傍晚投放，早晨取回再加药剂喷洒苗木，或放在碗内诱杀金龟子。也可用杨树枝浸药液插于地内，诱杀金龟子。麻叶 0.5 千克碾碎加水 5 升，浸泡 2 小时后过滤喷雾，3 天内有效。干谷、麦麸或绿肥 50 千克炒香，拌入或喷洒敌百虫 0.5 千克，放于土内，可毒杀金龟子、蝼蛄、蟋蟀等。每亩用 1.5% 乐果粉剂 0.5～1.5 千克，在温暖无风天气的下午喷粉，或用 40% 乐果乳油 1 000～1 200 倍液喷施可防治金龟子。

⑤利用金龟子的假死性振落扑杀。5 月份在蛴螬危害植株下挖掘消灭。

⑥结合播种整地，每亩用 75% 辛硫磷可湿性粉剂 250 克，加细土 30 千克拌匀制成毒土，随撒随翻入土内。苗期如有危害，每亩用 50% 辛硫磷乳油 0.25 千克加水 1 500～2 000 升，或 48% 毒死蜱乳油 1 000 倍液，或 90% 晶体敌百虫 800 倍液灌根。每亩用发酵的油脚 7.5 千克，加水 20 升拌匀，撒施于苗床（注意用清水喷洗幼苗），10 分钟后蛴螬、地老虎钻出土壤，30 分钟即死亡。金龟子对其腐尸有忌避作用，将金龟子尸体粉碎装袋，待发臭后浸泡去渣，稀释 150 倍喷施，有良好的防治效果。

（十一）蝼　蛄

1. 危害特点　蝼蛄，又叫啦啦蛄、土狗子、小蝼蛄、勒勒蛄、地狗子、水狗，属直翅目蝼蛄科。发生危害的主要是非洲蝼蛄和华北蝼蛄，在盐碱地和沙壤土地危害最重。以成虫、若虫在土中咬食种子和幼芽，或将幼苗咬断使之枯死，受害的根部呈乱麻状。由于蝼蛄在土壤中穿行，形成一条条隧道，使苗土分离，幼苗失水干枯而死亡，致使田间缺苗断垄。在温室、苗床及苗圃里，由于气温高致使蝼蛄活动早，加之若虫集中，受害更重。

蝼蛄生活史长，一般3年左右完成1代，南方地区1年发生1代，以成虫或若虫在70厘米以下土层深处越冬。3月下旬至4月上旬蝼蛄逐渐苏醒、活动，清明后转向地表活动，并顶出虚土堆，4月中下旬至6月中旬危害最重。6月中旬至8月下旬气温升高，潜入土中越夏，成虫则进入产卵盛期。9月上旬气温下降后，越夏蝼蛄又上升到地表面危害秋季作物，10月中旬后陆续入土越冬。蝼蛄昼伏夜出，以夜间9～11时活动最盛，多在表土层或地面活动，特别在气温高、湿度大、闷热的夜晚大量出土活动。早春或晚秋，气候凉爽，蝼蛄多在表土层挖隧道，拱起一道道土，不再到地面上活动，在炎热的中午常躲在深土层。对马粪、半煮熟的谷子、炒香的豆饼、麦麸均有强烈的趋性。成虫有趋光性，但因虫体笨重，不善飞翔，所以灯下数量不多。蝼蛄喜潮湿，多发生在盐碱地和疏松、潮湿的沙壤土中，黏重土不适于蝼蛄栖息活动。

2. 防治方法　施足腐熟马粪肥，保持床土松软，防止蝼蛄进入土壤。加强冬耕，冻杀越冬虫。每亩用5%辛硫磷颗粒剂1～1.5千克与细土15～30千克混匀制成毒土，撒施于床土、播种沟或移栽穴中，播种和菜苗移栽后覆药土。5～6月份和9～10月份成虫活动高峰期，傍晚用黑光灯诱杀，将生厩肥放入土坑中诱杀。

也可采取以下防治方法：①毒谷。每亩用90%晶体敌百虫0.15千克，或50%辛硫磷0.15千克，加水成30倍液，将谷秕子1.5～2.5千克煮半熟，凉后拌药制成毒谷，苗床发生蝼蛄时，可将毒谷撒在蝼蛄活动的隧道处。②毒饵。用40%乐果乳油0.5千克加水10倍，与饵料50千克拌匀制成毒饵诱杀。③灌根。用

50%辛硫磷乳油1000倍液，或90%晶体敌百虫1000倍液灌根，每株药液100克。

（十二）根 蛆

1. 危害特点 根蛆是双翅目花蝇类幼虫，也叫地蛆、粪蛆，在北京地区常见的有种蝇、葱蝇和萝卜蝇3种，为世界性害虫。可危害播后的种薯，引起种芽畸形、腐烂而不能出苗。在留种株上危害根部，引起根茎腐烂或枯死造成减产。根蛆的形态相似，成虫为蝇类，体长略小于家蝇。老熟幼虫体长7～8毫米，乳白色略带浅黄色。根蛆为腐食性昆虫，成虫喜在未腐熟的有机肥上产卵，幼虫也靠这些物质生活，田间施用未腐熟有机肥易使作物受害。种蝇、萝卜蝇的成虫及幼虫均喜欢潮湿的环境，土壤潮湿有利于根蛆发生。土壤干燥，不利于根蛆生活，但生长的植物则成为它们理想的食物。葱蝇喜干燥，干燥的土壤易招引成虫产卵。

2. 防治方法

①施用充分腐熟的有机肥，施肥时要做到均匀、深施，使种子与肥料隔离，可明显减少种蝇产卵，减轻危害。发生危害后要勤浇水。

②防治成虫和初孵幼虫，可用90%晶体敌百虫800～1000倍液，或50%马拉硫磷乳油1000倍液喷雾，每隔7天喷1次，连续喷2～3次。一旦发现地蛆危害幼苗，可用80%敌百虫可湿性粉剂1000倍液，或40%乐果乳油1500～2000倍液，或50%马拉硫磷乳油2000倍液灌根。

（十三）金 针 虫

1. 危害特点 成虫叫叩头虫，幼虫叫铁丝虫，在土中取食播下的种子、块茎和萌发的幼芽、幼根，使之枯萎致死，造成缺苗断垄。春季钻蛀稍粗的根或茎，虽很少被咬断，但会使幼苗逐渐萎蔫或枯死。幼虫钻入块茎，在薯肉内形成孔道，降低块茎品质，还易引起腐烂。

金针虫2～3年发生1代，以幼虫和成虫钻入土中60厘米以下越冬。钻入后留有虫洞，春季再由虫洞上升到耕作层，夏季地温超过17℃时逐渐下移，秋季地表温度下降后又进入耕作层危害。雄成虫善飞，有趋光性，5月上旬幼虫孵化，第三年8月下旬，幼虫老熟，于16～20厘米深的土层内做土室化蛹。9月中旬开始羽化，当年在原蛹室内越冬。在华北地区，3月中旬幼虫开始活动，3月下旬开始危害，4月上中旬危害最烈。6月份金针虫潜至深土层越夏，9月下旬至10月上旬。地温下降至18℃左右时幼虫又上升到表土层活动，10月下旬随地温下降幼虫开始下潜，11月下旬10厘米地温平均为1.5℃时，金针虫潜于27～33厘米的深土层越冬。

2. 防治方法

①冬前耕翻土地25～30厘米深，把越冬的成虫、幼虫翻至地表，使其冻死、晒死或被天敌捕食。

②施用腐熟有机肥，改变土壤通气、透水性能，使植株生长健壮，增强抗病抗虫性。实行3～4年轮作。

③施用毒谷。配制方法是先将谷秕煮半熟，晾半干拌药，每亩用90%晶体敌百虫1.5～2.5千克，撒于土表面，然后用锄头将表土松一松，以增加防治效果。

④施用毒饵。一是每亩用90%晶体敌百虫0.15千克加水制成30倍液，与炒香的麦麸或豆饼或棉籽饼5千克制成毒饵，在无风、闷热的傍晚施用效果更好。二是每亩用40%乐果乳油100克加水5升，拌炒至糊香的饵料（麦麸、豆饼、玉米碎粒等）50千克，每隔3～4米刨1个碗口大的坑，放1把毒饵后覆土，每隔2米左右放1行毒饵。

⑤用药剂灌根。用50%辛硫磷乳油1 000倍液或90%晶体敌百虫800倍液，每株灌药液0.15～0.2千克。也可在播种前或移植前每亩用3%氯唑磷颗粒剂2～6千克，混干细土50千克均

匀撒在地表，深耕 20 厘米，或撒在定植穴或栽植沟内，浅覆土后定植。

（十四）地 老 虎

1. 危害特点 地老虎又称土蚕、黑土蚕、地蚕、切根虫、黑地蚕，属鳞翅目夜蛾科，危害马铃薯的主要是小地老虎、黄地老虎和大地老虎。主要危害幼苗，从茎基部把幼苗切断，使整株死亡。幼虫在夜间活动危害，结薯期危害茎块，将块茎咬食成大小、深浅不等的虫孔。有时幼虫钻入块茎内危害，将块茎食空，失去商品价值。也可咬断地面的茎部，使整株倒伏。幼虫在三龄以前，主要在叶背或心叶里昼夜啃食叶肉，残留表皮，形成小米粒大小的天窗或小洞；三龄以后的幼虫，白天潜伏于土下 3 厘米处，夜间出来从茎基咬断幼苗，将咬断的嫩茎拖到附近的土穴内，上部叶片露在穴外。五龄、六龄幼虫食量骤增，危害加重，常造成缺苗断垄。

小地老虎每年发生代数，由北向南逐渐增多，东北地区每年发生 2 代，华北地区为 3～4 代，长江流域为 4～5 代，广东、广西、福建等地约 6 代。成虫在夜间活动和交配产卵，对黑光灯及糖、醋、酒等的趋性较强。幼虫共 6 龄，三龄前在地表杂草或幼嫩根系部位取食，危害尚轻；三龄后，白天在表土中潜伏，夜间出来危害，动作敏捷，常自相残杀。老熟幼虫有假死习性，受惊缩成环形。小地老虎喜温暖潮湿条件，地势低湿、多雨潮湿地块虫害发生较大。1～2 龄幼虫多聚集在嫩叶或嫩茎上取食，3 龄以上的幼虫转入土中，昼伏夜出，咬断幼茎。幼虫受惊后有假死性，卷成一团。在阴天或潮湿情况下，幼虫危害较为严重。幼虫灰褐色，取食嫩叶后变为灰绿色，三龄后钻入土中变成灰色，4 月中旬至 5 月上旬是幼虫危害盛期。

2. 防治方法
①早春清除田间及周围杂草，防止成虫产卵。

②利用成虫趋性，用糖醋酒液、黑光灯诱杀越冬代成虫。糖醋液诱杀：红糖1份、白酒1份、醋3份、水10份、90%晶体敌百虫1份，调配成诱液装入盆内，放在田间三脚架上，夜间诱杀成虫，白天将盆取回，每隔2～3天补加1次诱杀液。

③晚秋翻晒土地及冬灌，可杀死部分越冬蛹和幼虫。播种前，可用堆草诱杀成虫，即将地老虎喜食的灰菜、白茅、刺儿菜、小旋花、鹅儿草等堆放田边诱集幼虫，然后人工捕杀或拌入药剂毒杀。

④人工捕杀。一般情况下，地老虎取食后是躲在被害植株周围的土缝中，并将残叶拖至洞口，较易识别，可在幼虫危害时期，每天早晨到田间捕捉。浇水时，地老虎爬出地面，可随时捕杀。

⑤幼虫入土前用90%晶体敌百虫800～1 000倍液，或50%辛硫磷乳油800～1 000倍液，或50%敌敌畏乳油1 000倍液，喷到油渣或切碎的鲜草上，配成半干半湿的毒饵，傍晚撒到田中诱杀。在1～2龄幼虫盛期，傍晚时用20%氰戊菊酯乳油3 000倍液，或52.5%氯氰·毒死蜱乳油1 000倍液，或90%晶体敌百虫1 000倍液喷雾防治。泡桐叶对地老虎诱集力很强，用90%晶体敌百虫150倍液浸湿后，傍晚撒到地里，诱杀效果良好。也可每亩用炒黄的麦麸或秕谷、豆饼、玉米碎粒等5千克与敌百虫溶液5千克（敌百虫100克加水5升溶解开）充分搅拌均匀，傍晚撒入田间，可兼治蝼蛄。3龄前幼虫未入土时，可用90%晶体敌百虫200倍液喷洒。3龄后幼虫入土，每亩用敌百虫750克，先用温水溶解配成母液，浇水时顺水冲入土壤内进行防治。

三、非侵染性病害及防治

（一）低温冷害

1. 危害特点　在植株生长期间或块茎贮藏过程中，如果气温（或地温）过低（高于冰点），植株就会产生冷害。冷害程度因温度的高低而不同，低温对叶片的伤害在苗期，植株受冻害后叶片迅速萎蔫、塌陷；当气温变暖时，受害部位变成水渍状，死亡后变褐。冷害多发生于早春幼苗期，症状多出现在幼苗顶部，在幼嫩叶片的基部出现淡黄色至淡褐色。

叶原基、茎原基、细胞器受到冷害时，幼叶长出后症状就会表现出来，仅一侧的叶片发育，嫩叶不规则卷曲，并产生褪绿斑；叶片呈扭曲状态。有时在受害茎上出现斑驳，幼叶上还可能出现坏死性斑点。

块茎在田间和贮藏期均会遭受冷害和冻害。块茎受害，淀粉大量转化成糖分；急剧降温至0℃以下，会使块茎的维管束环变褐或薯肉变黑，严重时薯肉薄壁细胞结冰，造成薯肉失水、萎缩。受冻的块茎解冻后软化成海绵状，有水液从受伤处和牙眼处渗出。横切块茎变成粉红色，然后转成黑色并腐烂。受冻块茎解冻后，其组织逐渐由白色变成桃红色或红色，直至灰色、褐色或黑色，冻伤组织迅速变软、腐烂，当水分蒸发后成为石灰状残渣。

受冷害的块茎横切面出现网状坏死，这是因为韧皮部比周围薄壁细胞对低温更敏感。网状坏死可布满整个块茎，也可能只分布于受害的一侧。随着冷害的加重，维管束环周围出现黑褐色斑点，通常脐端附近更严重。块茎内部的粉红色病变，也可能是由冷害引起的。

2. 预防措施　生产中低温危害只能采取预防措施。调节播种期，躲过早霜或晚霜的危害。二季作区春季早熟栽培注意防晚霜，秋季培土适当加厚，保护块茎。早春注意天气的变化，如遇寒流，可于晚上在田间熏烟，也可用稻草、麦秸等覆盖植株。冬季块茎贮藏应注意防冻，贮藏温度以1～4℃为宜。北方一季作区对窖藏的块茎，应严格控制贮藏温度，种薯贮藏温度为2～4℃，食用薯贮藏温度为4～6℃，加工原料薯贮藏温度为8～10℃。

（二）高温危害

1. 危害特点 高温造成小叶尖端和叶缘褪绿、变褐，最后叶尖变成黑褐色而枯死，枯死部分呈向上卷曲状，俗称日烧。保护地早熟栽培时，易发生高温危害。

2. 预防措施 在高温干燥天气来临前进行田间灌溉，增施有机肥料，增强土壤保水能力，并进行分期培土，田间作业时注意减少伤根，以减轻危害。保护地栽培注意通风降温，并适时揭去塑料薄膜。

（三）药　害

1. 危害特点 病虫害防治用的农药和除草剂，因施用时没有严格掌握农药的稀释倍数、用量、使用次数、时间和农药残留时效，而出现药害。马铃薯药害的主要表现在地上部，出现植株萎缩、生长迟缓、叶片黄化、蜷缩或扭曲，块茎出现畸形、龟裂等。

此外，氧化硫空气污染，引起叶片失绿症，主脉间叶片漂白或发焦。光化学氧化物空气污染，引起马铃薯早熟和植株早衰，从底部叶片开始发黄、早死，症状类似于衰老和营养不良。空气污染有时会出现在离污染源较远的地方，通常很难确诊。

2. 防治措施

（1）认真阅读说明书 使用任何农药，必须先详细阅读使用说明书，严格按照说明书用药，掌握好施用浓度、用量、时期、次数和方法等。

（2）进行小面积试验 如对某种新农药没有确切的把握，也可在大田的边行进行少量试验，有效时方可全面使用。

（四）块茎生理病害

1. 畸　形　薯

（1）畸形薯类型 ①肿瘤块茎，即在块茎的芽眼部位凸出，形成瘤状小薯。②哑铃形块茎，即在靠近块茎顶部形成细脖。③次生块茎，即在块茎上再形成块茎；在块茎上产生新的枝叶；链状二次生长，即块茎上长出匍匐茎再形成块茎。④有时在块茎上产生闷生薯（梦生薯），即在原掰掉的芽眼处长出 1～2 个大小似山楂或杏仁的子薯块。薯块顶端或侧面长出一个子薯，呈哑铃状或长出一串小薯形成串薯，有时子薯顶芽再萌发形成三次或四次生长。块茎顶芽萌发形成枝条穿出地面，这种类型对产量和品质影响最大。芽眼部位发生不规则突出，对产量和品质影响较小。皮层或周皮发生龟裂，这种类型的二次生长，淀粉含量多不降低，有时还略有增高。

（2）**发生原因**　产生二次生长的主要原因是高温、干旱与高温交替出现等，生产中凡引起块茎不能正常发育的外界条件，均可引起块茎产生畸形。品种不同，二次生长引起的畸形表现也不同，有的品种出现哑铃形，有的出现肿瘤形。在块茎生长期，由于高温干旱使块茎停止生长，甚至造成芽眼休眠，随后降雨或浇水又恢复了适宜块茎生长的条件。但由于块茎已停止生长形成周皮，因而新吸收的养分就运到能够继续生长的部位，引起畸形生长。这些部位主要是芽眼及块茎顶端等。

中原二季作区春季收获过晚，受高温影响，块茎顶部萌发生芽，可生长成 1 个芽或带小叶的地上茎。当温度下降后，块茎顶部芽可膨大成次生薯。总之，不均衡的营养或水分、极端的温度以及冰雹、霜冻等灾害均可导致块茎的二次生长而形成畸形薯。

（3）**防治措施**

①防止块茎生长异常　根据马铃薯不同生育阶段对水分的需求，适时适量灌溉；加强中耕培土，减少土壤水分蒸发；选择抗旱、不易发生二次生长的品种；适当提前收获（春季），避免高温影响。

②防止闷生薯　窖藏种薯时，窖温保持 1～3℃，空气相对湿度保持在 85%～90%，这样薯块既不发芽又不会失水抽缩，保持

新鲜状态；对已发芽的种薯除掰掉薯芽再切块播种外，还要注意适当晚播种，一般 10 厘米地温达 10～12℃时播种，以保证薯芽直接伸长出土而茁壮成长；播种时开沟不要太深，覆土不宜太厚。

③防止二次生长　依据不同品种的生育期长短和品种耐高温性能，人为地把块茎形成期安排在当地适宜块茎膨大的季节，即结薯期的平均气温不超过 25℃，日照时数不超过 14 小时，并要适时适量浇水；依据不同品种植株各个生育阶段所需时间进行播种，事先计算好，把结薯期安排在适宜的季节；适期适量浇水，在马铃薯结薯初期和中期土壤相对含水量保持 80%～85%，结薯后期逐渐降至 50%～60%，特别是盛花期应适期适量浇水。

④防止芽条薯　遇高温干旱天气应适量浇水，土壤相对含水量保持 80%～85%，土壤温度保持 17～20℃；及时多次向垄背培土，加厚土层。

⑤防止麻子皮薯　种植马铃薯的地块，避免施用石灰，土壤 pH 值保持 5～5.2；实行轮作，在易感染疮痂病的甜菜等块根作物地上不连作马铃薯，实行 4～6 年轮作；播种前用 0.2% 甲醛溶液将种薯浸种 2 小时消毒；选用高抗疮痂病品种；在块茎生长期间，保持土壤湿润。

2. 块茎损伤

（1）损伤症状

①指痕伤　块茎收获后表面常有较浅（1～2 毫米）的指痕状裂纹，多发生在芽眼稀少的部位。指痕伤主要是块茎从高处落地后接触到硬物或互相强烈撞击、挤压造成的伤害。一般收获较迟、充分成熟的块茎及经过短期贮藏的块茎更易发生指痕伤。由于伤口较浅，易愈合，很少发生腐烂现象。

②压伤　块茎入库时操作过猛或堆积过厚，底部的块茎承受过大的压力，造成块茎表面凹陷。伤害严重时不能复原，并在伤害部位形成很厚的木栓层，其下部薯肉常有变黑现象。提早收获的块茎，由于淀粉积累较少，更易发生这种压伤。

③周皮脱落　块茎在收获或收获后的运输、贮藏或其他作业时造成块茎周皮的局部脱落，脱落的周皮处变暗褐色。周皮脱落的原因是由于土壤湿度过大，或氮素营养过剩，或日照不足，或收获过早等，此时块茎周皮稚嫩，尚未充分木栓化，极易损伤。

（2）预防措施

①防止指痕伤和压伤　在收获、运输和贮藏过程中，块茎不要堆积过高，并尽量避免各种机械操作和块茎互相撞击。

②防止周皮脱落　在马铃薯生育过程中避免过多施用氮肥，在收获前停止灌溉。收获后的块茎要进行预贮，促使块茎周皮木栓化。收获和运输过程中，要轻搬轻放，避免块茎之间撞击和摩擦。

3. 块茎裂口

（1）症状表现　收获时常常可见到有的块茎表面有 1 条或数条纵向裂痕，表面被愈合的周皮组织覆盖，这就是块茎裂口。有4 种类型：内部压力造成的开裂，是由块茎快速生长所致，不同品种的敏感程度不一样；病毒侵染造成的生长开裂；机械造成的开裂；收获时造成的开裂，系薯块掉落或局部受压所致。有时裂缝逐渐长平，收获时只见到痕迹。

（2）发生原因　土壤忽干忽湿，根茎在干旱时形成周皮，膨大速度慢，潮湿时植株吸水多，块茎膨大快而使周皮破裂。此外，膨大期土壤，肥水偏大也易引起薯块外皮产生裂痕。

（3）预防措施　增施有机肥，保证土壤始终肥力均匀；适时浇水，在块茎膨大期保证土壤有适宜的含水量，避免土壤干旱；保持土壤透气性好。在收获和运输时小心操作。在地温升高后收获，贮藏前先在温度 15℃、空气相对湿度 95% 条件下预贮。

4. 皮孔肥大

（1）症状表现　在正常情况下块茎皮孔很小。在马铃薯块茎膨大期或收获前，当土壤水分过多或贮藏期间湿度过大或通气不良，块茎得不到充足的氧气进行呼吸或气体交换，因而皮孔胀大并突起，皮孔周围的细胞裸露，易被细菌侵入，导致块茎腐烂。

（2）**预防措施** 马铃薯生育期间高培土、高起垄；生育后期控制浇水；多雨天气，及时进行排水，避免田间积水；块茎成熟后及时收获；收获后块茎要进行预贮；贮藏期间适当通风，避免窖内湿度过大。

5. 绿皮块茎

（1）**症状表现** 马铃薯块茎绿皮是由于块茎长时间暴露于阳光下引起的。有的是一端变绿，表皮和薯肉内 2 厘米以上处均呈绿色。生育期间，由于培土少或不及时，或垄被暴雨冲刷，或田间机械作业使垄土塌下，垄中生长的块茎裸露，薯皮见光后变绿。裸露垄外的块茎不能正常膨大。块茎贮藏期间，窖内的散射光或照明灯虽然光线微弱，但时间过长也能使块茎薯皮变绿。绿皮块茎产生叶绿素和龙葵素（茄素）。龙葵素是一种有毒物质，食用会引起中毒。作种的块茎，薯皮变绿，可减少细菌感染和腐烂，不影响种用质量。

（2）**预防措施**

①严格掌握播种深度，不能太浅，免耕栽培时覆草不能太薄或垄小。及时中耕培土，必要时可对播种浅的地块用稻草等覆盖在植株的基部，避免块茎露出垄外见光变绿。

②鲜食用薯或加工用的原料薯在收获和运输过程中，随起收随拣净、随覆盖或装袋，避免阳光照射。及时覆盖，避光作业。在贮藏过程中，也要避免散射光长时间对块茎的照射。

③因品种间对光的敏感性不同，如费乌瑞它对光非常敏感，薯皮见光很易变绿；克新 4 号对光则不敏感。因此生产中应针对光的反应特性，采取相应的措施。

6. 空心块茎

（1）**症状表现** 空心发生于块茎的髓部，块茎的外部和地上部无任何症状，切开后可见块茎中心附近有 1 个空腔，腔的边缘角状，整个空腔呈放射性星状，空腔壁为白色或浅棕色，空腔附近淀粉含量少，空腔周围形成木栓化组织，煮熟吃时会感到发硬发脆。一般个大的块茎容易发生空心，空心薯用来炸条、炸片，会使薯条长度变短，薯片不整齐，颜色不正常。块茎空心，主要是营养过剩造成的，在块茎生长期，突然遇到肥水过大，块茎极度快速膨大，内部营养转化再利用，逐步使中间干物质越来越少，组织被吸收，从而在中间形成了空洞。钾肥供应不足，也是导致空心率增高的因素。块茎急剧增长膨大是产生空心的主要原因。此外，块茎膨大前期土壤干旱，后期突然浇水或降雨也容易引起空心，缺钾时也易发生空心。空心与品种有关，有些品种易产生空心，如炸片专用型品种大西洋的大块茎多发生空心；而有些品种在肥水充足条件下，块茎长得很大，也无空心发生。

（2）预防措施　尽量选择不易空心品种。栽培易空心品种应适当密植，缩小株距，减少缺苗率，使植株营养面积均匀，保证群体结构状态良好。配方施肥，增施钾肥，在块茎膨大期保持适宜的土壤湿度，加强田间管理，采用综合栽培措施，控制块茎膨大过速。

7. 孔洞薯

（1）症状表现　马铃薯收刨时常发现两种形状的孔洞薯。一种是孔洞口较小（直径 0.3～0.5 厘米）而薯块内孔洞较大，这多半是金针虫幼虫咬食后形成的孔洞薯。另一种是孔洞口较大（直径 1～1.5 厘米、深 2～4 厘米），椭圆形黑色孔洞，这大多是蛴螬幼虫咬食幼嫩薯块形成的孔洞薯。

（2）预防措施　每亩用 80% 敌百虫可湿性粉剂 500 克加水稀释后拌 35 千克细土，在播种时将毒土撒入种植穴或种植沟内；农家肥料要经过高温发酵，使肥料充分腐熟，以便杀死土肥中的幼虫和虫卵。

8. 黑心块茎

（1）症状表现　也称块茎黑心腐病。马铃薯黑心有两种类型，即病理性黑心和生理性黑心。病理性黑心是由马铃薯黑胫病造成的，其症状是植株矮化、僵直、叶片黄化、小叶向上卷曲。

发病后期，茎基部变黑腐烂，植株枯死。病株所结薯块先从匍匐茎处变黑腐烂，向内发展使心部变黑，形成黑心。在潮湿条件下，很快导致整薯腐烂，并伴有恶臭味；生理性黑心主要是由于缺氧呼吸造成黑心，其症状在块茎内部，外表无症状表现。切开块茎后，可见中心部位变黑，有的变黑部分中空，表现为失水变硬，呈革质状，但不易腐烂，无异味。发病严重时黑心部分可延伸到芽眼部位，薯皮局部变褐并凹陷。发生病因是贮运过程中，堆积过厚，通风不良，内部供氧不足造成。

（2）预防措施

①在块茎贮藏和运输过程中，避免高温和通风不良。

②贮藏期间薯层不能堆积过厚，同时薯层之间要留通风道，保持良好的通气性，并保持适宜的贮藏温度。运输过程中，薯层要有遮阴防雨篷布，避免长时间日晒。

③对黑胫病引起的黑心，在切种薯块时，严格淘汰病薯，杜绝用病薯播种；切过病薯的切刀要用高锰酸钾溶液浸泡消毒，以免切刀传播病原菌，扩大发病率；种植抗病品种，如克新1号、克新4号、丰收白等；田间及早发现病株，拔除清理到田外销毁。对生理性黑心，要改善薯块贮运条件，散埋贮存时避免堆积过厚，并选择阴凉、通风、低温处；装袋时，要避免采用不透气的塑料袋，避免强光长时间照射。

（五）养分不平衡

1. 氮（N） 氮素是植株生长需要量最多的元素之一。氮肥充足时，植株生长繁茂，叶面积增加，光合能力提高，可以增加产量。缺氮时，氮元素从底部叶片向上部叶片转移，底部叶片变黄，直至整个植株变黄导致生长不正常，茎秆细弱矮小，基部叶片先变黄，并逐渐向顶部叶片扩展。叶片小，色淡且薄，略垂直。每片小叶首先沿叶缘褪绿变黄，并逐渐向中心部发展。如土壤中氮素过量，会造成植株徒长，结薯推迟。而在某些土壤条件下，含氮化肥的分解会引起铵或硝酸根的氮毒害。

2. 磷（P） 磷在苗期生长和块茎形成中需要量最大。一般土壤中磷会因为固定而造成缺乏。缺磷时，顶端生长迟缓，叶片卷曲呈杯状，叶片和叶柄均向上直立，叶色暗绿而无光泽。严重缺磷时，植株基部小叶的叶尖首先褪绿变褐，并逐渐向全叶扩展，最后整个叶片枯萎脱落；植株变小，呈纺锤状和发僵，叶片叶色较深；成熟期推迟，产量下降；缺磷植株根系和匍匐茎的条数减少，根的长度变短，块茎组织内出现锈褐色坏死斑点，但表皮无任何症状。出现缺磷症状时，可叶面喷施 0.5% 磷酸二氢钾溶液，每隔 5 天喷 1 次，同时土壤追施磷肥。缺磷土壤除增施土杂肥外，还应沟施过磷酸钙或磷酸二铵作种肥。

3. 钾（K） 钾在植株体内不参与任何物质的构成，而是参与各种代谢活动。在土质疏松、易被淋溶的沙质土中易发生缺钾现象。植株缺钾时，叶片呈蓝绿色并带有光泽，有时在叶脉间出现淡绿斑，类似轻度花叶；植株生长缓慢，节间变短，呈丛生状；小叶叶尖萎缩，叶片向下卷曲，叶脉下陷。严重时，生长点发生顶枯，早衰。块茎表面下陷，形成像软木似的坏死病斑，尤其是在顶部易出现黑色斑点，在烹制时变黑。生产中应注意增施钾肥。当植株出现缺钾症状时，应立即叶面喷施 0.5% 磷酸二氢钾溶液，每 5 天喷 1 次。

4. 钙（Ca） 钙是马铃薯全生育期都需要的重要元素。特别是块茎形成阶段，对钙的需要量更多。钙除作为营养供植株吸收利用外，还能中和土壤酸性，促进土壤有效养分的形成，抑制其他元素的毒害作用。植株缺钙时，幼叶变小，小叶边缘呈淡绿色；茎节间缩短，植株顶部呈丛生状。严重缺钙时，叶片、叶柄及茎上都出现杂色斑点，叶缘上卷并变为褐色，进而主茎生长点枯死，而侧芽萌发使整株呈丛生状。块茎缩短、畸形，髓部呈现褐色而分散的坏死斑点，失去商品价值。经贮藏的块茎，芽顶端出现褐色坏死，甚至全芽死亡，也是缺钙现象，这种情况播种后只要土壤中有效钙充足，就不会影响新芽出土和植株生长。一般土壤不会缺钙，但在酸性较强的土壤中则易出现缺钙现象。出现缺钙时土施石灰，既可补充土壤中钙的不足，还可调整土壤 pH 值。发现缺钙症状时应立即叶面喷施 0.5% 过磷酸钙溶液，每隔 5 天喷 1 次。

5. 镁（Mg） 镁是叶绿素的构成元素之一，因此它与植株的光合作用密切相关。植株缺镁首先影响叶绿素合成，其症状表现是从基部叶片的小叶边缘开始由绿变黄，进而叶肉变黄，叶脉仍呈绿色。严重缺镁时，叶色由黄变褐，叶片变厚变脆并向上卷曲，最后病叶枯萎脱落。增施镁肥对马铃薯增产效果较好，可沟施硫酸镁或其他含镁肥料（如白云石、熔渣等），并及时向叶面喷施 0.5%～1% 硫酸镁溶液。

6. 硼（Pe） 硼是一种微量元素，植株对其需要量很少，但对植株体的作用并不比大量元素小。植株缺硼时生长点死亡，因而侧枝发生较多；同时节间缩短，叶片变厚且上卷，植株呈丛生状。茎秆基部有褐色斑点出现，叶片内淀粉积累明显，类似卷叶病毒病。根尖顶端萎缩，侧根增多，影响根系向深层伸展。块茎变小，脐端变褐。一般在沙质土壤中容易缺硼。土壤缺硼时，应结合施基肥每亩施硼砂 500 克左右。

7. 锌（Zn） 缺锌时植株生长受阻，嫩叶褪绿并上卷，与早期卷叶病毒病症状相似，叶片上有灰褐色至青铜色斑点，而后变成坏死斑。叶柄和茎上也出现褐色斑点，叶片变薄变脆。当锌含量过高时则会产生锌中毒现象，植株生长发育受阻，上部叶片边缘稍微褪绿，下部叶片背面呈现紫色。土壤缺锌时每亩可施硫酸锌 0.5 千克。植株出现缺锌症后，可叶面喷施 0.5% 硫酸锌溶液，每 10～15 天喷 1 次，直至收获前 2～3 周停止。

8. 锰（Mn） 缺锰症状通常发生在植株的上部，而下部叶片几乎不受影响。缺锰时叶片脉间失绿，逐渐变黄变白，有时顶部叶片向上卷曲。缺锰严重时，幼叶叶脉出现褐色坏死斑点。马铃薯对锰过剩的毒害作用特别敏感，其症状表现在茎上产生坏死条斑。在生长早期，锰害发展较慢，最初是在茎和叶柄上产生坏死斑，症状首先出现在茎的基部和叶柄的基部，并逐渐向上发展。当土壤中锰的浓度达到 0.04% 时，就会对植株产生毒害。

发现土壤出现缺锰现象时，应首先弄清楚缺锰的原因，然后采取相应措施。如果是因为土壤 pH 值过高而引起的缺锰，则应多施一些酸性肥料（如硫酸铵等）以降低 pH 值；如果是土壤自身缺锰，则应补施含锰肥料，每亩可施硫酸锰 2～2.5 千克。当植株出现缺锰症状时，土壤施锰肥已为时过晚，应及时叶面喷施 0.5%～1% 硫酸锰溶液，一般喷施 4～5 天后植株即可恢复正常。

四、草害及防治

（一）马铃薯田间杂草的种类

马铃薯田间常见杂草：①禾本科杂草。主要有稗草、马唐、牛筋草、罔草、狗尾草、千金子等。②阔叶杂草。主要有藜、反枝苋、酸模叶蓼、萹蓄、铁苋菜、苣荬菜、龙葵、苍耳、苘麻、鸭跖草等，在生长后期还有苘麻、鸭跖草等。③多年生杂草。主要有葎草、大刺儿菜、小蓟、田旋花等。④寄生性杂草。主要有大豆菟丝子。

（二）茎叶除草剂的种类及施用

田间杂草与马铃薯处在同一农田生态系统中，杂草与作物争水、争肥、争空间和阳光等资源，影响马铃薯的产量和品质。随着种植面积的扩大，杂草也越来越严重，利用除草剂除草是马铃薯生产的重要措施。马铃薯苗后除禾本科杂草的药剂主要有精喹禾灵、精吡氟禾草灵、烯禾啶、烯草酮等。

1. 精喹禾灵 对 1 年生杂草在 24 小时内可传遍全株，受药后2～4天新叶变黄，停止生长，4～7天茎叶呈坏死状，10天内整株枯死。多年生杂草受药后，药剂迅速向地下根茎组织传导，使之失去再生能力。常用5%精喹禾灵乳油，防除稗草、马唐、牛筋草、看麦娘、狗尾草、野燕麦、狗牙根、芦苇、白茅等1年生和多年生禾本科杂草。防除1年生禾本科杂草，在杂草3～6片叶时用药，每亩用药剂40～60毫升兑水40～50升进行茎叶喷雾；防除多年生禾本科杂草，在杂草4～6片叶时用药，每亩用药剂130～200毫升兑水40～60升进行茎叶喷雾。

2. 精吡氟氯禾灵 可防除看麦娘、稗草、马唐、狗尾草、牛筋草、野燕麦等禾本科杂草，对阔叶杂草和莎草科杂草无效。在杂草3～4叶期每公顷用15%精吡氟氯禾灵乳油375～525毫升兑水450升喷雾，若杂草已长至4～6叶期用药量为600～900毫升，如以多年生杂草为主用药量需增加到1200～1500毫升。

3. 烯禾啶 制剂有20%烯禾啶乳油和12.5%烯禾啶乳油。烯禾啶为选择性强的内吸传导型茎叶处理剂，能被禾本科杂草茎叶迅速吸收，并传导到顶端和节间分生组织，使其细胞分裂遭到破坏。从生长点和节间分生组织开始坏死，受药杂草3天后停止生长，7天后新叶褪色或出现花青素色，2～3周内全株枯死。该药对阔叶杂草作物安全，可防除稗草、野燕麦、狗尾草、马唐、牛筋草、看麦娘、野黍、臂形草、黑麦草、稷属、旱雀麦、自生玉米、自生小麦、狗牙根、芦苇、冰草、假高粱、白茅等1年生和多年生禾本杂草。

4. 烯草酮 剂型为12%乳油，禾本科杂草3～5叶期，每公顷用药525～600毫升，多年生禾本科杂草每公顷用药1050～1200毫升。

5. 喷特 美国友利来路化学公司开发生产的一种广谱性高效茎叶除草剂，在世界上广泛应用。适用期长，自杂草2～3叶期至大龄逐渐增加用量，不产生药害。每亩用药40～60毫升兑水30～40升喷雾。

参考文献

［1］严勇敢，张梅华．脱毒马铃薯［M］．西安：陕西科学技术出版社，2000.

［2］张洪昌，李星林．植物生长调节剂使用手册［M］．北京：中国农业出版社，2015.

［3］崔杏春．马铃薯良种繁育与高效栽培技术［M］．北京：化学工业出版社，2010.

［4］刘海河，王丽萍．马铃薯安全优质高效栽培技术［M］．北京：化学工业出版社，2013.

［5］徐洪海．马铃薯繁育栽培与贮藏技术［M］．北京：化学工业出版社，2010.

［6］王腾，孙继英，汝甲荣，等．不同播种深度对马铃薯产量的影响［J］．中国马铃薯，2017，31（2）．

［7］倪玮，李晓旭，王军，等．马铃薯秋季繁种技术示范［J］．上海蔬菜，2016（3）：6–7.

［8］魏章焕，张庆．马铃薯高效栽培与加工技术［M］．北京：中国农业科学技术出版社，2015.

［9］徐文平，曹延明．马铃薯植保措施及应用［M］．北京：中国农业大学出版社，2014.

［10］王迪轩，何永梅．马铃薯优质高产问答［M］．北京：化学工业出版社，2011.

［11］刘国芬．马铃薯高效栽培技术［M］．北京：金盾出版社，2006.

［12］翁定河，张招娟，郭玉春．马铃薯稻草包芯栽培的发展［J］．中国马铃薯，2009，23（3）．

［13］尚梅花，李锡志．马铃薯常见畸形块茎出现原因与防止方法［J］．中国马铃薯，2008，22（6）．

［14］马海艳，李国强，安修海．马铃薯膜上覆土最佳厚度和时间［J］．中国马铃薯，2016，29（2）．